"十四五"职业教育国家规划教材

信息技术类专业创新型系列教材

Dreamweaver CC 网页设计与制作

主　编　张学义　毕明霞

副主编　冯雪圆

科学出版社

北　京

内 容 简 介

本书入选首批"十四五"职业教育国家规划教材,以简洁的语言和具体的项目实例,系统地介绍了利用 Dreamweaver CC 2019 制作网页的全过程。全书共 11 个项目,分为 Dreamweaver CC 2019 入门、网站策划与站点管理、HTML5 构建网站、网页的基本操作、表格的运用、超链接的设置、网页高级布局、CSS 样式表的运用、表单的创建、行为的应用、移动 Web 设计。

本书既可作为职业院校、计算机网络技术专业及相关专业学生的教学用书,也可作为相关计算机技术职业培训的教材。

图书在版编目(CIP)数据

Dreamweaver CC 网页设计与制作 / 张学义,毕明霞主编. —北京:科学出版社,2022.12

("十四五"职业教育国家规划教材·信息技术类专业创新型系列教材)

ISBN 978-7-03-074349-7

Ⅰ. ①D… Ⅱ. ①张… ②毕… Ⅲ. ①网页制作工具 Ⅳ. ①TP393.092.2

中国版本图书馆 CIP 数据核字(2022)第 240039 号

责任编辑:陈砺川 / 责任校对:王万红
责任印制:吕春珉 / 封面设计:东方人华平面设计部

科 学 出 版 社 出版

北京东黄城根北街 16 号
邮政编码:100717
http://www.sciencep.com

天津翔远印刷有限公司印刷

科学出版社发行 各地新华书店经销

*

2022 年 12 月第 一 版   开本:787×1092 1/16
2023 年 8 月第二次印刷   印张:14 3/4
字数:340 000
定价:48.00 元

(如有印装质量问题,我社负责调换〈翔远〉)

销售部电话 010-62136230 编辑部电话 010-62135763-1028

P 前 言
PREFACE

随着 Internet 的迅猛发展，网站建设成为互联网领域的一门重要技术。掌握这门技术首先要掌握一种网页开发工具，Dreamweaver 即是目前十分流行的工具软件之一。本书全面介绍了 Dreamweaver CC 这款软件的强大功能，不仅包括静态网页的制作方法，还包括移动 Web 网页、动态效果网页的制作流程和方法，内容详尽，实用性强。

教育是国之大计、党之大计。培养什么人、怎样培养人、为谁培养人是教育的根本问题。育人的根本在于立德。为全面贯彻党的教育方针，落实立德树人根本任务，培养德智体美劳全面发展的社会主义建设者和接班人，本书在编写过程中融入"历史人文""和谐自然""卓越工程师""中国科技发展""岗位职业素养"等主题元素，通过任务引领，让学生在学习知识和技能的同时，树立热爱自然、关注国家发展的意识，培养岗位职业素养，为以后走上网页设计与制作岗位打下基础。

本书主要特点

本书由"十三五"职业教育国家规划教材《Dreamweaver CS6 网页设计与制作》升级软件后改版而成。在保持原版教材比较科学的编排方式和内容结构设计的基础上，新版教材逻辑框架清晰，更新了一些陈旧的案例，强化了教材"立德树人"根本任务；在软件功能上，与时俱进，适应时代发展，具备新技术引领性。本书入选首批"十四五"职业教育国家规划教材，主要特点如下。

1）本书按照"就业与升学并重"的职业教育办学指导思想，采用"项目—任务"驱动教学模式，引导学生从实际操作中获取知识，全面提升学生的知识和技能。根据学生的接受能力，以若干个实际项目为载体，引导学生"做中学，学中做"，掌握网页的制作方法和技巧，培养学生在信息收集、分析和表达方面的能力；通过"项目实训"，促使学生巩固知识、举一反三，培养学生的综合实践能力和创新能力；同时，在每个项目最后追加"项目拓展"模块，进一步拓宽学生的视野。

2）项目案例内容与时代挂钩，有新时代科技成果展示、时代楷模宣传、安全教育宣传、中华优秀传统文化展示等内容，能使学生喜闻乐见，既相互独立，在知识上又有联系，图文并茂，贴近学生生活，在培养学生对网页的审美能力的同时，提高他们学习网页制作的兴趣，并能体现"思政进课堂"导向，强化教材"立德树人"根本任务。

3）采用 Dreamweaver CC 2019 版本，能够学习全新的 Dreamweaver 功能。例如，新版的 Dreamweaver 改进了 Git 集成，支持远程连接测试，支持添加凭据保存功能，支持在 Git 面板中搜索文件及增加"合并冲突"图标等新功能。

4）注重章节内容的内在联系。增加 HTML5 基础内容章节，让学生加深对网页制作本质的理解，提高代码阅读、编写能力，同时体会到 Dreamweaver 可视化网页制作工具的优势性。

5）提供教学资源，录制了项目案例操作视频，读者可通过扫描书中二维码观看学习，也可到 www.abook.cn 网站下载课件及素材使用。

教学建议

1）以学生实践为主，教师讲解为辅。教师讲解知识点应以示例演示为突破点，项目引导以教师为主，由教师和学生共同完成，项目实训则以学生为主体，要求学生独立完成实训。

2）在"代码"视图模式下多阅读代码。尽管 Dreamweaver CC 2019 拥有更精简且整洁的界面，用户可以在该界面上根据具体需求个性化定义工作区，比如，可以使其仅显示进行编码时所需要使用的工具，开发效率高，但应鼓励学生在"代码"视图模式下阅读、编写代码，实现更为复杂的功能，为成为未来的 Web 程序员做好准备。

3）建议下载多种浏览器测试书中示例，比如 Edge 浏览器、Firefox 浏览器和 Chrome 浏览器等，使用多种浏览器便于测试 Web 页面的兼容性和效果，因为不同的客户可能使用不同的浏览器。目前，所有浏览器均为免费产品，直接从互联网下载安装即可。

4）建议教师秉承"思政进课堂，思政进头脑"的理念，为"全面贯彻党的教育方针，落实立德树人根本任务，培养德智体美劳全面发展的社会主义建设者和接班人"贡献力量。

学时安排

各项目理论、实践有所侧重，课程学时可根据实际情况合理安排，各项目内容的学时分配建议如下。

课程内容	理论学时	实践学时	合计
项目一　Dreamweaver CC 2019 入门	1	3	4
项目二　网站策划与站点管理	2	2	4
项目三　HTML5 构建网站	2	2	4
项目四　网页的基本操作	2	5	7
项目五　表格的运用	2	6	8
项目六　超链接的设置	2	4	6
项目七　网页高级布局	2	4	6
项目八　CSS 样式表的运用	4	6	10
项目九　表单的创建	4	6	10
项目十　行为的应用	4	6	10
项目十一　移动 Web 设计	4	6	10
学时合计	29	50	79

本书由张学义、毕明霞担任主编，冯雪圆担任副主编。其中，项目一～项目三由毕明霞编写，项目四由李娜编写，项目五、项目六由李曙静编写，项目七～项目九由张学义编写，项目十、项目十一由冯雪圆编写。张学义负责全书的内容构思及审核，毕明霞负责全书统稿。

由于编者水平有限，书中难免有不妥之处，恳请广大读者批评指正，索要电子素材可发邮件至 Bi_mingxia@163.com。

C 目 录
ONTENTS

项目一

Dreamweaver CC 2019 入门

  Adobe 公司出品的 Dreamweaver（DW）是面向 Web 设计人员和前端开发人员的工具。它将功能强大的设计图面和一流的代码编辑器与强大的站点管理工具相结合，使用户能够轻松设计、编码和管理网站。在技术日新月异的今天，Dreamweaver 集设计和编码功能于一体，无论是网页设计师还是前端工程师，熟练掌握 Dreamweaver 软件的使用，都能有效提高工作效率。Dreamweaver CC 2019 是该款软件的一个较新版本，已得到广泛应用。

项目一体化目标

◆ 了解 Dreamweaver CC 2019，培养探索求知精神；
◆ 完成 Dreamweaver CC 2019 的安装；
◆ 熟悉 Dreamweaver CC 2019 的工作界面；
◆ 培养信息素养和细心操作的好习惯。

任务一　认识 Dreamweaver CC 2019

Dreamweaver CC 2019 推出了一些新功能，令 Web 设计和开发人员无比心动，它可以快速轻松地设计、编码和发布在任何尺寸的屏幕上都赏心悦目的网站和 Web 应用程序，制作适用于多种浏览器或设备的精美网站。新版本进行了改进和优化，比如增强了 CEF，软件现已与 Chromium 嵌入式框架的最新版本集成，可以构建新式 HTML5 网站，并显示元素、CSS 网格等内容。了解软件的新功能可以让设计和开发人员尽快适应岗位并投入到工作当中。

一、Dreamweaver CC 2019 简介

Dreamweaver CC 2019 提供更快更灵活的编码支持，借助简化的智能编码引擎，轻松地创建、编码和管理动态网站。访问代码提示可以快速了解并编辑 HTML、CSS 和其他 Web 标准。另外，使用视觉辅助功能可减少错误并提高网站开发速度。

网站设置更加轻松，利用起始模板可以更快地启动并运行网站，可以通过自定义模板来构建 HTML 电子邮件、"关于"页面、博客、电子商务页面、新闻稿和作品集。代码着色和视觉提示可帮助用户更轻松地阅读代码，进而快速地进行编辑和更新。

根据不同设备动态显示，构建可以自动调整以适应任何屏幕尺寸的响应式网站。实时预览网站并进行编辑，确保在进行网页发布之前网页的外观和工作方式均符合实际需求。

二、了解 Dreamweaver CC 2019 的新功能

相对于以前的版本，Dreamweaver CC 2019 的功能主要在以下方面进行了增强。

1. 全新的欢迎界面

当首次打开 Dreamweaver CC 2019 时，会看到一个全新的欢迎界面，如图 1.1 所示。在 Dreamweaver CC 2019 的欢迎界面可以快速访问最近打开的文件、Creative Cloud 文件和起始页模板。单击界面右上角的搜索图标可以输入查询内容，程序将显示与搜索内容相匹配的最近打开的文件、Creative Cloud 资源、帮助链接和库存图像。

2. 新式 UI

Dreamweaver CC 2019 拥有更精简且整洁的界面，可以在该界面上根据具体需求个性化定义工作区，比如，可以使其仅显示进行编码时所需要使用的工具。

3. 多屏显示支持

现在，Dreamweaver CC 2019 为 Windows 提供多屏显示支持。用户可以同时使用多个显示器，应用程序会根据显示器的大小和分辨率自动缩放。多屏显示支持提供了诸多方便，例如，可以让文档窗口不再以选项卡的形式呈现，可以将其拖至另一个显示器中，或者在一个

显示器中查看实时预览效果，而在另一个显示器中编辑代码，这样的多屏分工操作既提高了工作效率，也使代码和效果都能够充分展示，如图 1.2 所示。

图 1.1 Dreamweaver CC 2019 欢迎界面

图 1.2 Dreamweaver CC 2019 的多屏显示功能

4. 使用 Bootstrap 4 构建响应式站点

用户可以专注于移动优先设计，制作美观的响应式站点，而其他的繁重工作将全部交给 Dreamweaver 后台处理。

5. 代码更新实时预览

用户可以一边修改代码一边从设备或浏览器中同步查看更改效果，如图 1.3 所示。

6. Git 支持的增强功能

最新版的 Dreamweaver 改进了 Git（一种分布式版本控制系统）集成，支持以下增强功能：

1）支持远程连接测试。

2）添加凭据保存功能。

3）支持在 Git 面板中搜索文件。

4）增加"合并冲突"图标。

图 1.3　实时预览

7. CSS 预处理器的增强

现在 CSS 预处理器内置了 LESS 和 Sass 的支持，用户可以更高效地编写 CSS。

8. CEF 集成

Dreamweaver 现已与 Chromium 嵌入式框架的最新版本进行集成，用户可以构建新式 HTML5 网站，并显示元素、CSS 网格等内容。

9. 安全性增强功能

OpenSSH 是 SSH（secure SHell）协议的免费开源实现。它提供了服务后台程序和客户端工具，用来加密远程控制和文件传输过程中的数据。新版 Dreamweaver 与新的 OpenSSH（7.6 版）整合，可实现与多个代管服务器的顺畅 SFTP（secure file transfer protocol，安全文件传输协议）连线。

任务二　安装与运行 Dreamweaver CC 2019

通过本任务，掌握在 Windows 操作系统下安装与运行 Dreamweaver CC 2019 的方法。软件环境的正确搭建是新入职人员进入工作岗位的第一步，是进一步了解和体验岗位工作和职责的必要前提。

一、安装 Dreamweaver CC 2019

1）下载 Dreamweaver CC 2019 安装包，右击选择"解压文件"，如图 1.4 所示。

2）找到解压后的文件夹，双击打开文件夹，找到 Set-up.exe 文件，右击"以管理员身份运行"进入安装起始页面，如图 1.5 所示。

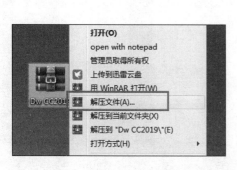

图 1.4　解压 Dreamweaver CC 2019 安装包　　　　图 1.5　运行安装程序

3）在安装界面单击 📁 更改软件安装位置，最好将软件安装在 C 盘以外的磁盘，避免占用内存，单击"确定"按钮，如图 1.6 所示。

图 1.6　更改安装位置

4）单击"继续"按钮，耐心等待安装完成，如图 1.7 和图 1.8 所示。

5）安装完成，单击"关闭"按钮，如图 1.9 所示。安装完成后桌面上如果没有快捷方式，可以从"开始"菜单找到"Adobe Dreamweaver CC 2019"，然后将其拖曳到桌面创建快捷方式。

图 1.7　单击继续　　　　　　　图 1.8　等待安装　　　　　　　图 1.9　安装完成

二、首次运行 Dreamweaver CC 2019

1）双击桌面上的快捷方式，打开 Adobe Dreamweaver CC 2019 软件，启动 Dreamweaver CC 2019。鼠标单击"是，我用过"，如图 1.10 所示。

2）在这里可以根据自己的喜好选择一种主题颜色，如图 1.11 所示。

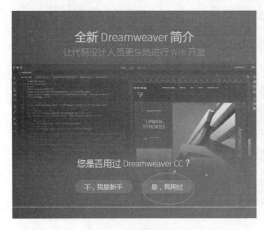

图 1.10　首次启动　　　　　　　　　图 1.11　选择主题颜色

3）选择"标准工作区"，如图 1.12 所示。然后进入新功能介绍，单击右上角✕关闭窗口即可启动欢迎界面，如图 1.13 所示。

用户可以在欢迎界面单击"快速开始"，选择需要的文件类型，创建文件，或者使用"起始页模板"创建文件。单击"主页"可以返回到欢迎界面。另外，用户还可以在欢迎界面中查看最近处理的文件，如果没有最近打开的文件，则此选项卡为空。欢迎界面右上角的搜索图标可以用来输入搜索查询内容，软件将会显示与搜索查询内容相匹配的最近打开的文件、Creative Cloud 资源、帮助链接和库存图像。

图 1.12 自定义工作区

图 1.13 欢迎界面

如果不想每次启动 Dreamweave 时都显示欢迎界面，可以通过界面上方"编辑"菜单里的"首选项"命令，或按 Ctrl+U 组合键，弹出"首选项"对话框，取消选择"显示开始屏幕"复选框，单击"应用"按钮，最后"关闭"即可，如图 1.14 所示。

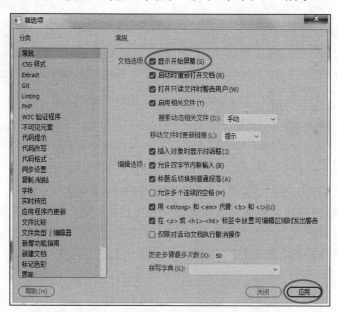

图 1.14 "首选项"对话框

任务三 认识 Dreamweaver CC 2019 的工作界面

Dreamweaver CC 2019 重新设计了 UI（用户接口），简洁且无杂乱的界面使用户可以自定义工作区仅显示编码所需的工具。熟悉 Dreamweaver CC 2019 的工作界面，为日后制作网页提高工作效率。

一、标准窗口分区

启动 Dreamweaver CC 2019 后，界面样式有两种模式：标准和开发人员，这里我们选择"标准"界面。双击打开任意一个网页文件，如图 1.15 所示，它主要包括菜单栏、文档工具栏、界面切换器、通用工具栏、文档窗口、状态栏/标签选择器、面板组几个部分。

图 1.15　Dreamweaver CC 2019 文档窗口

二、常用面板功能介绍

1. "属性"面板

单击"窗口"菜单，选择"属性"（或用快捷键 Ctrl+F3），打开"属性"面板，如图 1.16 所示。"属性"面板也叫属性栏或属性检查器。利用属性栏可以显示和编辑当前选定页面元素（如文本和插入的对象）的属性。其内容会根据不同的选定元素自动显示不同的选项。例如，选择表格后属性栏显示该表格相关属性，我们可以在这里修改表格相关属性。

图 1.16　"属性"面板

2. "插入"面板

单击"窗口"菜单，选择"插入"（或用快捷键 Ctrl+F2），打开"插入"面板。"插入"面板也叫对象面板或插入栏，它集成了 Dreamweaver CC 2019 "插入"菜单中的所有插入对象命令，如图 1.17 所示。"插入"面板可以拖靠到菜单栏下方作为插入栏，用户可以根据目前的需求选择不同类型的标签，或者单击"收藏夹"通过自定义收藏夹的方式将最常用的对象收藏起来，如图 1.18 所示。

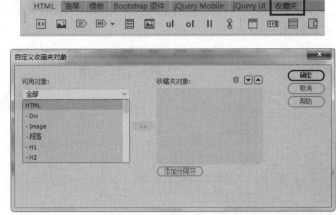

图 1.17 "插入"面板　　　　　　　　图 1.18 插入栏与自定义收藏夹

3. 工具栏

Dreamweaver CC 2019 的工具栏有三种类型：通用工具栏、标准工具栏、文档工具栏，默认的标准界面下在左侧显示通用工具栏，在工作区上方显示文档工具栏，可以从通用工具栏打开文档，打开和关闭实时视图和检查功能，还可以自定义工具栏。选择"窗口"菜单，选择"工具栏"，如图 1.19 所示，可以根据需要选择要显示的工具栏。

文档工具栏主要功能是设置当前文档的显示模式，可以分为代码、拆分、设计和实时视图四种显示模式，如图 1.20 所示。另外，"拆分"视图下用户可以根据具体需求选择"代码—设计"和"代码—实时视图"两种显示方式。

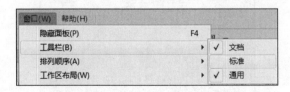

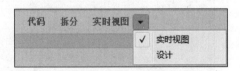

图 1.19 工具栏菜单　　　　　　　　图 1.20 文档工具栏

标准工具栏可以执行文档的打开和保存等操作，在右侧地址栏可以显示当前打开文档的地址，也可以输入一个网址并在工作区打开，查看网页的代码，如图 1.21 所示。

4. 其他面板介绍

Dreamweaver CC 2019 其他面板主要包括"文件"面板、"CSS 设计器"面板、"资源"面板、"代码片段"面板、DOM 面板等，相关面板可以组合成面板组，面板组中选定的面板显示为一个选项卡。面板是非常重要的网页处理辅助工具，它具有随着调整即可看到效果的特点。由于面板组可以随意地拆分、组合和移动，也叫浮动面板组。

图 1.21　标准工具栏的地址输入功能

（1）"CSS 设计器"面板

CSS 设计器是 Dreamweaver Creative Cloud 中的新增功能。它提供了一种以更加可视化的方式创建、编辑 CSS 样式并进行查错的新方法，如图 1.22 所示。

（2）"文件"面板

Dreamweaver 站点和远程服务器的文件和文件夹都可以在"文件"面板进行管理。使用"文件"面板，还可以访问本地磁盘上的所有文件，如图 1.23 所示。

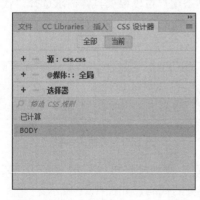

图 1.22　"CSS 设计器"面板

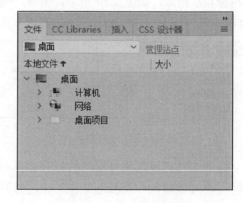

图 1.23　"文件"面板

5. 面板的基本操作

（1）展开和折叠

Dreamweaver CC 2019 的每个浮动面板组都具有展开与折叠的功能，单击面板组右上角的双三角标记 ➤➤ 即可展开与折叠浮动面板组。

（2）移动

将鼠标指针移至浮动面板标题栏处，按住鼠标左键并拖动便可移动浮动面板组。利用这种方法可将浮动面板组拖离或拖入浮动面板组停靠区。

（3）工作区恢复

若在操作中打乱了界面，想要恢复默认的标准工作界面，可以单击右上角的 标准 ▾ ，下拉菜单选择“重置标准”即可恢复默认标准工作区。

任务四　了解网页设计与制作岗位的职责

对于网页设计初学者来说，提前了解网页设计与制作的岗位职责和工作内容，可以让以后学习的方向和目的更加明确，更好地完成网站设计与策划工作。另外，学习者还可以结合岗位职责与内容进行深入地、系统地自主学习，为以后正式入岗工作打下基础。

打开各大招聘网站，搜索“网页设计与制作”能看到大量相关职位的需求，打开职位可以看到岗位职责的详细描述，如图 1.24 所示。

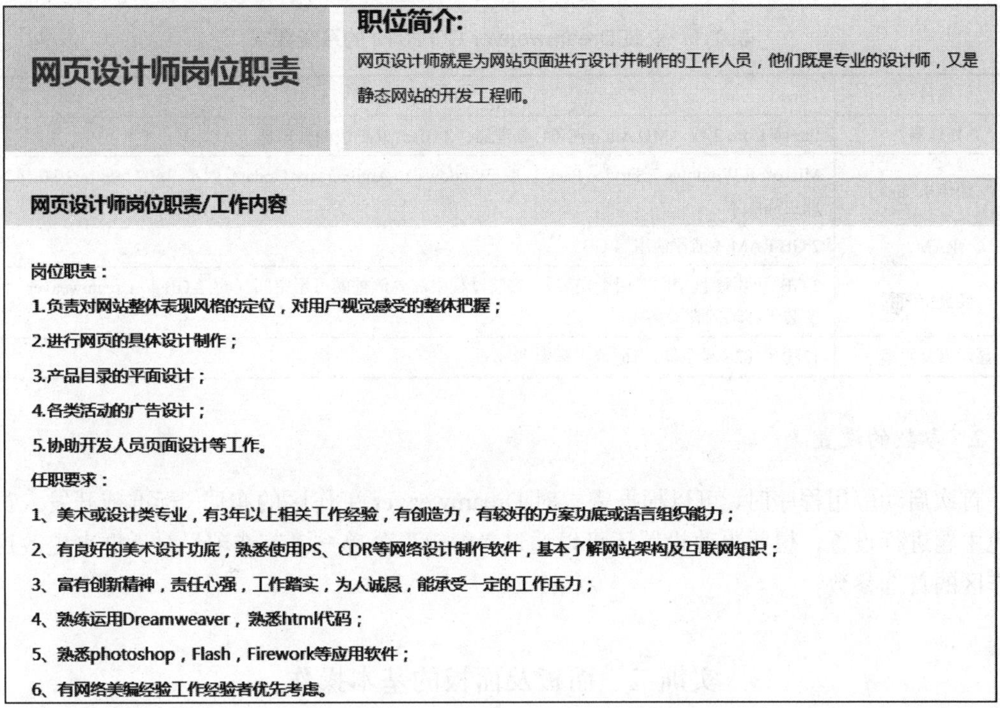

网页设计师岗位职责

职位简介:

网页设计师就是为网站页面进行设计并制作的工作人员，他们既是专业的设计师，又是静态网站的开发工程师。

网页设计师岗位职责/工作内容

岗位职责：

1.负责对网站整体表现风格的定位，对用户视觉感受的整体把握；

2.进行网页的具体设计制作；

3.产品目录的平面设计；

4.各类活动的广告设计；

5.协助开发人员页面设计等工作。

任职要求：

1、美术或设计类专业，有3年以上相关工作经验，有创造力，有较好的方案功底或语言组织能力；

2、有良好的美术设计功底，熟悉使用PS、CDR等网络设计制作软件，基本了解网站架构及互联网知识；

3、富有创新精神，责任心强，工作踏实，为人诚恳，能承受一定的工作压力；

4、熟练运用Dreamweaver，熟悉html代码；

5、熟悉photoshop，Flash，Firework等应用软件；

6、有网络美编经验工作经验者优先考虑。

图 1.24　网页设计师岗位职责

从岗位职责可以看出，网页设计师除了需要对一个网页进行设计和制作外，其首要工作和职责是对整体网站进行规划和设计。

项 目 实 训

实训一　安装 Dreamweaver CC 2019

实训目的

1）掌握 Dreamweaver CC 2019 的安装过程。

2）参考本实训提示，能进行合理的参数设置。

扫码学习

安装 Dreamweaver CC 2019

实训提示

1. 系统要求

对安装 Dreamweaver CC 2019 的系统要求如表 1.1 所示。

表 1.1　安装 Dreamweaver CC 2019 的系统要求

项目	最低要求
处理器	Intel® Core 2 或 AMD Athlon® 64 处理器；2 GHz 或更快的处理器
操作系统	Microsoft Windows 7 Service Pack 1 或 Windows 10 Anniversary Update 版本 1607（版本 10.0.14393）或更高版本
RAM	2 GB RAM（推荐使用 4 GB）
硬盘空间	2 GB 可用硬盘空间（用于安装）；安装过程中需要额外的可用空间（约 2 GB）。Dreamweaver 不可安装于移动闪存设备中
显示器分辨率	1280×1024 显示器，16 位视频卡

2. 参数的设置

首次启动应用程序时，可以根据需求对 Dreamweaver 工作区的布局（标准或开发人员）、颜色主题进行设置，想要更改设置还可以通过"编辑"菜单→"首选项"对话框来更改这些工作区的首选参数。

实训二　面板及面板的基本操作

实训目的

1）掌握面板的基本组成。

2）掌握常用面板的基本操作。

3）参考本实训提示，能熟练设置面板。

扫码学习

面板及面板的基本操作

实训提示

1）可以通过"窗口"菜单，打开所需面板。

2）面板组的基本操作：展开和折叠、移动浮动面板。可参考前面的讲解。

项 目 拓 展

Web 站点设计制作的工作流程

结合实际 Web 开发岗位的工作流程，下面介绍在 Dreamweaver CC 2019 中进行 Web 站点设计制作的一种常用工作流程，如图 1.25 所示。操作者可以根据具体需求情况进行参考。

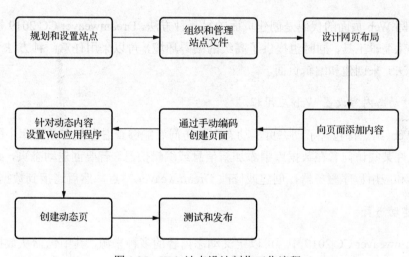

图 1.25　Web 站点设计制作工作流程

1. 规划和设置站点

确定在哪里发布文件，检查站点要求、访问者情况及站点目标。此外，还应考虑诸如用户访问及浏览器、插件和下载限制等技术要求，在组织好信息并确定结构后，就可以开始创建站点。

2. 组织和管理站点文件

在"文件"面板中，可以方便地添加、删除和重命名文件及文件夹，以便根据需要更改组织结构。通过"文件"面板还可以管理站点,向远程服务器传输文件,设置"存回/取出"过程来防止文件被覆盖,以及同步本地和远程站点上的文件等。使用"资源"面板可以将大多数资源直接从"资源"面板拖到 Dreamweaver 文档中。

3. 设计网页布局

选择要使用的布局方法或综合使用 Dreamweaver 布局选项创建站点的外观。可以使用 Dreamweaver AP 元素、CSS 定位样式或预先设计的 CSS 布局来创建布局。利用表格工具,可以通过绘制并重新安排页面结构来快速地设计页面。最后,还可以基于 Dreamweaver CC 2019 模板创建新的页面,然后在模板更改时自动更新这些页面的布局。

4. 向页面添加内容

除添加资源和设计元素等基本操作外,Dreamweaver 还提供相应的行为以便为响应特定的事件而执行任务,以及提供工具来最大限度地提高 Web 站点的性能,并测试页面以确保能够兼容不同的 Web 浏览器。

5. 通过手动编码创建页面

手动编写 Web 页面的代码是创建页面的另一种方法。Dreamweaver CC 2019 提供了易于使用的可视化编辑工具,同时也提供了高级的编码环境,可以采用任意一种方法(或同时采用这两种方法)来创建和编辑页面。

6. 针对动态内容设置 Web 应用程序

许多 Web 站点都包含了动态页,动态页使访问者能够查看存储在数据库中的信息,并且一般会允许某些访问者在数据库中添加新信息或编辑信息。若要创建动态页,必须先安置 Web 服务器和应用程序服务器,创建或修改 Dreamweaver 站点,然后连接到数据库。

7. 创建动态页

在 Dreamweaver CC 2019 中,可以定义动态内容的多种来源,其中包括从数据库提取的记录集、表单参数和 JavaBeans 组件。若要在页面上添加动态内容,只需将该内容拖动到页面上即可。

8. 测试和发布

测试页面是在整个开发周期中持续进行的过程。在该工作流程完成后,就可以在服务器上发布该站点了。

岗位知识链接

熟练使用 Dreamweaver 软件是网页设计师职业岗位必备的技能。

网页设计师是指精通 Photoshop、CorelDRAW、Frontpage、Dreamweaver 等多项网页设计工具的网页设计人员。

岗位职责：

1）负责对网站整体表现风格的定位，对用户视觉感受的整体把握。

2）进行网页的具体设计制作。

3）产品目录的平面设计。

4）各类活动的广告设计。

5）协助开发人员页面设计等工作。

项 目 小 结

在进行网页设计时，首先要对 Dreamweaver CC 2019 的工作流程和环境有一个全面的了解，这样才能在以后的设计工作中胸有成竹，熟练操作。本项目就是要让操作者能够根据实际岗位需求先搭建适合的软件环境，为后续站点建设工作打好基础。

思考与练习

一、选择题

1. 以下（　　）不是 Dreamweaver CC 2019 新增的功能。

　　A．支持远程连接测试　　　　　　　B．使用 Bootstrap 4 构建响应式站点

　　C．CSS 3 样式　　　　　　　　　　D．CEF 集成

2. 安装 Dreamweaver CC 2019 需要（　　）的内存。

　　A．32MB　　　　B．256MB　　　　C．512MB　　　　D．2GB

二、简答题

Dreamweaver CC 2019 常用的面板有哪些？都有什么作用？

三、操作题

1. 根据自己的需要，设计个性化的界面布局和面板组，最后再恢复"标准"。

2. 上网搜索网页设计相关职位，了解岗位职责和网页设计与制作流程。

项目二

网站策划与站点管理

　　网站是一种沟通工具，人们可以通过网页浏览器来访问网站，获取自己需要的资讯或者享受网络服务。信息时代，越来越多的公司利用网站宣传自己的产品和展示企业文化，网页是网站最基本的组成元素。网页通常中包含文字、图像、声音、动画等内容。这些内容都应该在确定网站主题之后且制作网页之前准备好，并存放在一个专门的文件夹中。因此通常在设计制作网页之前，网站开发者需要先建立站点，其作用就是将网页中的相关内容存放进去，便于以后网页文件的规范管理与维护。可以说，站点就是整个的网站，它是一个在计算机上创建的多级文件夹，在各个文件夹中保存着所有的相关网页文件，为以后修改、查找和管理网页提供了方便。所以，网站的策划与管理，是进行下一步网页制作的重要前提。

▍项目一体化目标

◆　了解网站设计与开发的岗位职责，培养工匠精神；
◆　掌握创建本地站点的步骤，培养熟练的实践操作技能；
◆　灵活运用向导创建站点及管理站点；
◆　建立网站素材版权意识，培养岗位认知能力和基本职业素养。

任务一　网　站　规　划

开发一个网站，首先要对网站进行整体规划，即网站的整体设计，规划内容主要包括网站定位、网站风格与形象、网站的栏目与板块、目录结构及信息的收集与整理。

一、网站定位

所谓网站定位就是网站在 Internet 上扮演的角色，要向目标群（访问者）传达什么样的核心概念，通过网站发挥什么样的作用。网站定位相当关键，有了定位就有了明确的目标，创建者必须要有精准的定位才有可能把网站做好。所以我们首先要把网站的主题和名称确定下来，给网站以精确的定位。

二、网站风格与形象

一个优秀的网站和实体公司一样，也需要整体的形象包装和风格设计。准确的、有创意的风格与形象设计，对网站的宣传推广有事半功倍的效果。在网站的主题和名称确定下来之后，需要思考的就是网站的风格与形象。保持统一的风格，可使网站特点鲜明，主题突出，有助于加深访问者对网站的印象。例如，标志、色彩、字体、标语等内容，是一个网站树立形象的关键，在制作时应该注意以下几点。

1）风格统一：在多个网页上重复出现标示网站特征的某些对象。

2）使用模板和库：快速批量创建相同风格的网页。

三、网站的栏目与板块

在定位了网站主题和确立了网站的风格与形象之后，还不能急于进入实质性的设计制作阶段。建立一个网站好比建一座楼房，只有设计好框架图纸，才能使楼房结构合理。所以在这时应该考虑确定网页的栏目和板块。在划分栏目时，需要注意以下几点。

1）删除与主题无关的栏目。

2）将网站最有价值的内容列在栏目上。

3）方便访问者的浏览和查询。

板块比栏目的概念要大一些，每个板块都有自己的栏目。例如，网易的站点分为新闻、体育、财经、娱乐、教育等板块，每个板块下面又各有自己的主栏目。一般个人站点的内容少，只有主栏目（主菜单）就够了，不需要设置板块。在有必要设置板块的情况下，应该注意以下几方面。

1）各板块要有相对独立性。

2）各板块要有相互关联性。

3）板块的内容要围绕站点主题。

四、目录结构

网站的目录是指建立网站时创建的目录。目录结构的好坏，对于浏览者来说并没有什么太大的感觉，但是对站点本身的上传、维护、内容的扩充和移植有着重要的影响，合理的站点结构可以加快站点的设计，提高工作效率。

建立目录结构时应注意的地方有以下几点。

1）用文件夹保存文档：首先建一个根文件夹，然后在其中建若干子文件夹，分类存放网站全部文档。

2）使用合理的文件名：文件夹名称与文件名称，用容易理解网页内容的英文名（或拼音），最好不要使用大写或中文。这是由于很多网站使用 Linux 操作系统，该操作系统对大小写敏感，且不能识别中文文件名。

3）合理分配文档资源：按栏目内容建立子目录，目录的层次不要超过三层，不同的对象放在不同的文件夹中。不要将与网页制作无关的文件放置在该文件夹中。

4）尽量使用意义明确的目录：例如，可以用 Flash、html、JavaScript 来建立目录，也可以用 1、2、3 建立目录，但更便于记忆和管理的显然是前者。

五、信息的收集与整理

确定好站点目标和结构之后，接下来要做的就是收集有关网站的资源，其中包括以下资源。

1）文字资料：文字是网站的主题。无论是什么类型的网站，都离不开叙述性的文字，离开了文字即使图像再华丽，浏览者也不知所云。所以要制作一个成功的网站，必须要提供足够的文字资料。

2）图像资料：网站的一个重要要求就是图文并茂。如果单单有文字，浏览者看了不免觉得枯燥无味。文字的解说再加上一些相关的图像，让浏览者能够了解更多的信息，更能增加浏览者的印象。

3）动画资料：在网页上插入动画可以增添页面的动感效果。现在 Flash 动画在网页上的应用相当多，所以建议大家应该学会 Flash 制作动画的一些知识。

4）其他资料：如网站上的应用软件、音乐网站上的音乐文件等，这些内容可以通过多种途径获得。例如，图像素材可以通过从授权网站上下载、使用扫描仪扫描、使用数码摄像机拍摄等多种途径获得，注意这些内容要符合网站的风格。收集过程完成后还要对素材进行进一步整理归类，方便以后制作网页过程中对素材的使用或修改。

任务二 创建站点

创建本地站点的目的是，便于网站资源的管理及网站开发；配置远程服务器的目的，是可以接近更真实的网站运行环境，因为开发完成的网站最终要发布到远程服务器，在互联网上提供对外服务。

一、创建本地站点

在创建站点之前，应该首先在磁盘上创建一个文件夹，用于存放站点内的所有资源，当然如果站点资源比较丰富，可以建立子文件夹存放站点内相应的资源。例如，站点文件夹为 MyWeb，子文件夹 images 用于存放站点内用到的图像，upfiles 用于存放上传的文件，admin 用于存放站点后台程序等。

Dreamweaver CC 2019 是一个站点创建和管理工具，使用它不仅可以创建单独的文档，还可以创建完整的 Web 站点。使用 Dreamweaver CC 2019 的向导来创建站点的步骤如下。

1）选择"站点→新建站点"选项，如图 2.1 所示，打开"站点设置对象"对话框。或者在起始页单击"站点设置"图标可以快速进入站点设置对象对话框。

2）设置站点名称和存储位置。在"站点名称"文本框中输入一个名称以在 Dreamweaver CC 2019 中标示该站点，该名称可以是任何所需的名称。例如，可以将站点命名为"我的个人主页"，并设置本地站点文件夹为 E:\MyWeb 站点，如图 2.2 所示。

图 2.1　通过菜单创建站点图

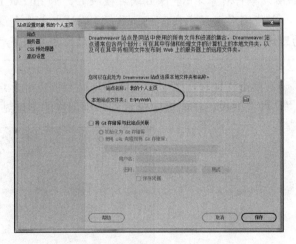

图 2.2　"站点设置对象"对话框

岗位知识链接

在实际的项目开发中，统一的命名规范对于一个高效的、协调的团队是必不可少的，它使得无论是需求分析、设计人员还是编码、测试人员都能无障碍地交流和沟通。对于 Web 前端开发初学者来说，养成良好的命名习惯可以更好、更快地融入团队的项目开发中。下面列举了一些实际开发中常用的命名规则作为参考。

1）页面命名规范：这里介绍三种常见的命名方式。

① 使用和页面主题或功能相关的英文名称。(推荐使用此方法)

② 使用和页面主题或功能相关的汉语拼音命名。（简化的拼音也可以）

③ 若文件名过长，项目团队要提前约定一份缩写的规范，如 pro—product，首页—index，产品列表—prolist，产品详细页面—prodetail 等。

2）图像命名规范：图像名称分为头尾两部分，中间用下划线隔开，头部为图像的类型，例如，广告、标志、菜单、按钮等，尾部为图像的主题或内容，例如，banner_sohu.gif、menu_job.gif、title_news.gif 等。网页中常见的图像类型主要有以下几种。

① banner：放置在页面顶部的广告，装饰图案等长方形的图像。

② logo：标志性的图像。

③ button：在页面上位置不固定，并且带有链接的小图像。

④ menu：在页面中某一位置连续出现、性质相同的链接栏目的图像。

⑤ pic：装饰用的图像。

3）CSS 样式命名规范：外套—wrap，头部—header，主要内容—main，左侧—main-left，导航条—nav，右侧—main-right，内容—content，底部—footer。

4）JS 脚本命名规范：函数名采用动词或者动词+名词形式，如 fnInit()；对象方法命名使用 fn+对象类名+动词+名词形式，如 fnAnimateDoRun()；某事件响应函数命名方式为 fn+触发事件对象名+事件名或者模块名，如 fnDivClick()。

站点名称与站点内容相一致，本地站点文件夹最好不要用 Dreamweaver CC 2019 提供的默认文件夹，自己命名一个有意义的文件夹，既便于识记，文件夹在 D 盘安全性也高。

3）单击"保存"按钮，完成本地站点的创建。选择"窗口→文件"命令或者按 F8，打开"文件"面板，在面板中可看到刚刚创建的本地站点，如图 2.3 所示。

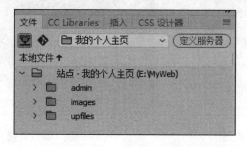

图 2.3　"文件"面板

二、配置远程服务器

在"站点设置对象"对话框中，可配置远程服务器，前提条件是已拥有远程服务器。使用本地站点开发网站，有很大的局限性，如无法测试网站真实的访问速度、并发访问实际情况。使用远程服务器，可同时上传已完成的网页，及时测试网站在线效果，极大地提高了网站的开发效率。

1）选择"站点→新建站点"命令，打开"站点设置对象"对话框。设置站点名称为"远程企业站点"，设置本地站点文件夹为"E:\enterprise\"，如图 2.4 所示。

2）选择"服务器"选项，切换到服务器选项的设置界面，如图 2.5 所示。

3）单击"添加新服务器"按钮 ✚，打开"添加新服务器"对话框，对远程服务器信息进行设置，如图 2.6 所示。

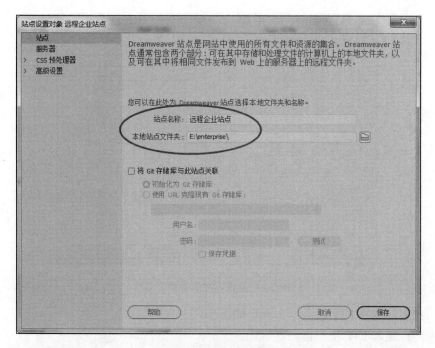

图 2.4　设置站点名称

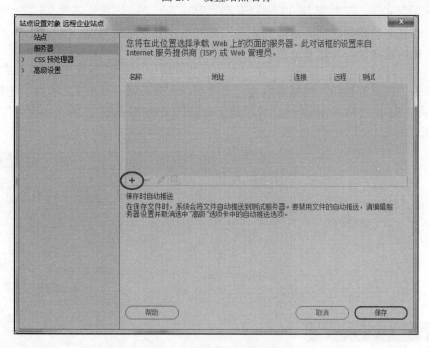

图 2.5　服务器选项设置界面

FTP 服务器填写选项如下。

① 服务器名称：为站点输入一个名称。

② 连接方法：在下拉列表中选择 FTP。

③ FTP 地址：输入 FTP 地址。

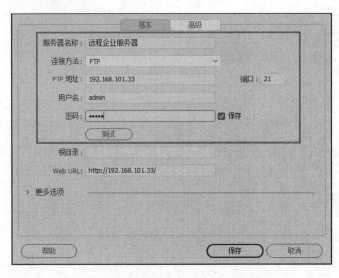

图 2.6　设置远程服务器信息

④ 用户名：选择 FTP 服务器中设置的用户名。

⑤ 密码：输入 FTP 用户密码。

> **注意**
>
> 在远程服务器信息设置之前，首先要在远程服务器中搭建好 Web 服务器和 FTP 服务器，否则无法进行下一步远程测试。

4）单击"测试"按钮，测试本地是否连接到远程服务器，如图 2.7 所示。连接成功后，弹出对话框，提示"Dreamweaver 已成功连接到您的 Web 服务器"，单击"确定"按钮，如图 2.8 所示。

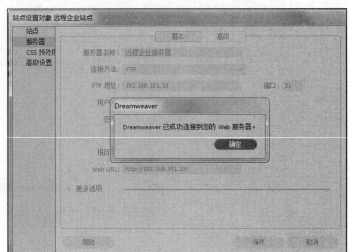

图 2.7　远程测试　　　　　　　　　　　图 2.8　成功连接到远程服务器

5）选择"添加新服务器"对话框中的"高级"选项卡，切换到"高级"选项卡的设置界面，在"服务器模型"下拉列表中选择"PHP MySQL"选项，如图 2.9 所示。单击"保存"按钮，完成"添加新服务器"的设置，如图 2.10 所示。

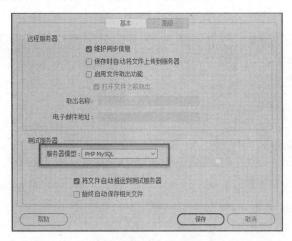

图 2.9　选择服务器模型

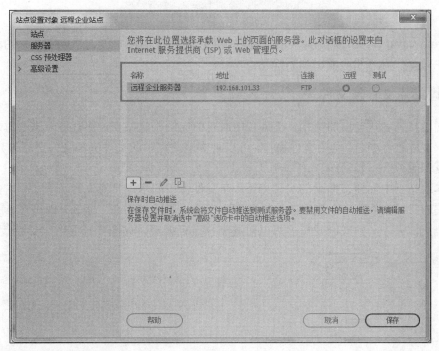

图 2.10　设置完成后的服务器

注意

在"高级"选项卡中，选中"保存时自动将文件上传到服务器"复选框，可将完成的网页文件自动上传到远程服务器中；否则，需手动上传网页文件。

6）单击"保存"按钮，完成该站点的创建，并完成远程服务器的创建和设置，"文件"面板将自动切换到刚建立的站点，如图 2.11 所示。单击"文件"面板右上角的下拉按钮，在弹出的下拉列表中选择"远程服务器"选项后，Dreamweaver 可直接连接到远程服务器，如图 2.12 所示。

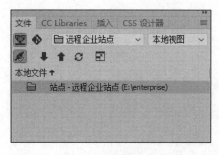

图 2.11 "文件"面板切换到刚建立的站点

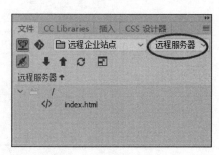

图 2.12 选择远程服务器

任务三　管理本地站点

Dreamweaver CC 2019 提供了站点管理功能，能够在面板中创建、删除、移动和复制文件及文件夹，并可方便地编辑和删除站点。

一、管理站点文件及文件夹

不管用户是创建空白的文档，还是利用原有的文档构建站点，都有可能需要对站点中的文件夹或文件进行编辑。利用文件窗口，可以对本地站点中的文件夹和文件进行创建、删除、移动和复制等。

在本地站点中创建文件夹的步骤如下：在文件窗口的本地站点文件列表中，右击准备新建文件夹的父级文件夹，在弹出的快捷菜单中选择"新建文件夹"命令，即可在其子目录中新建一个文件夹。文件夹创建后，可以对其名称进行编辑，如图 2.13 和图 2.14 所示。

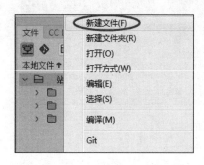

图 2.13 在站点中新建文件夹目录

图 2.14 为新建文件夹重命名

如果要创建文件，只需要重复上述步骤，并在弹出的快捷菜单中选择"新建文件"命令，即可新建一个文件，如图 2.15 所示。

在"文件"面板中，也可以利用剪切、复制和粘贴等操作轻松实现文件或文件夹的移动和复制。方法是在本地站点文件列表中右击要修改的文件或文件夹，在弹出的快捷菜单中选择"编辑"命令，并在其级联菜单中选择相应的操作命令即可，如图 2.16 所示。

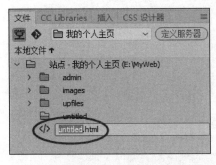

图 2.15　在站点中新建文件　　　　　　　图 2.16　对文件或文件夹进行各种编辑

如果要进行复制操作，可在"编辑"级联菜单中选择"复制"命令；如果要进行移动操作，可以选择"剪切"命令，然后找到目标文件夹，再次在刚才的级联菜单中选择"粘贴"命令即可；如果要对文件或文件夹进行删除，可在"编辑"级联菜单中选择"删除"命令来实现。

二、编辑和删除站点

在创建了站点之后，还可以对站点的属性进行编辑，方法如下。

1）在菜单栏选择"站点→管理站点"命令，打开"管理站点"对话框，如图 2.17 所示。

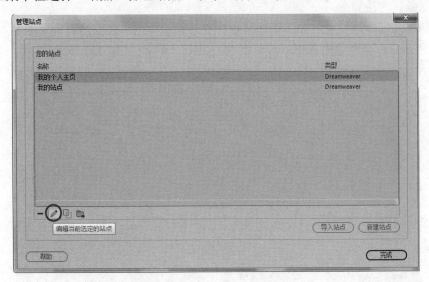

图 2.17　"管理站点"对话框

2）从列表中选择要编辑的站点名称，单击"编辑当前选定的站点"，打开"站点设置对象 我的个人主页"对话框，用户可以在该对话框中对本地站点进行编辑，如图 2.18 所示。

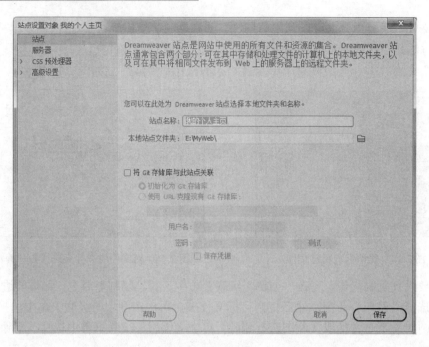

图 2.18　"站点设置对象　我的个人主页"对话框

3）编辑完毕，单击"保存"按钮返回"管理站点"对话框，单击"完成"按钮关闭"管理站点"对话框，即完成编辑操作。

如果不再需要利用 Dreamweaver CC 2019 对某个本地站点进行操作，即可将该站点从站点列表中删除，方法如下。

选择要删除的本地站点，在"管理站点"对话框中单击"删除当前选定的站点"按钮，如图 2.19 所示。在弹出的信息提示对话框中，单击"是"按钮，即可删除站点。

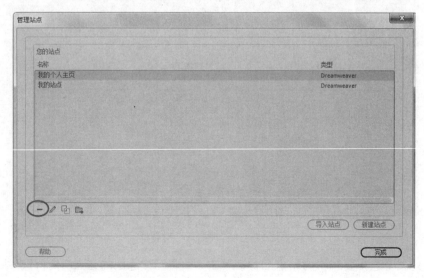

图 2.19　删除站点

项 目 实 训

创 建 站 点

实训目的

扫码学习

1）掌握利用站点定义创建站点的方法。

2）掌握管理站点内部文件的方法。

3）掌握编辑站点的方法。

4）参考本实训提示，对站点进行管理，注意结构清晰分明。

创建站点

实训提示

　　在实际的项目开发中，一个站点通常包含大量的文件，大型站点更是如此，如果将所有的文件混杂在一起，则整个站点显得杂乱无章，不利于团队协作和项目管理。因此，在进入正式开发之前首先需要对站点的内部结构进行统筹规划，将各个文件分门别类地放到不同的文件夹下，这样可以使整个站点结构看起来条理清晰、井然有序，使项目组成员通过浏览站点的结构就能知道该站点的内容，为后期网站的修改、管理提供方便。下面介绍在实际项目开发中常见的网站结构目录，文件夹名称尽量不使用中文。

　　1）adm：放置后台管理程序，对于动态网站是不可缺少的一个文件夹。

　　2）audio：放置音频文件。

　　3）backup：放置备份文件。

　　4）doc：放置 Word 文档。

　　5）img：放置站点用到的图像。

　　6）source：放置开发过程中编写的源文件，如 Flash、Photoshop 等编辑、未合并图层之前的图像，保留源文件的目的是方便将来修改和编辑。

　　7）video：放置视频文件。

　　8）zip：提供给客户下载的压缩文件。

　　9）index、files：网站首页中的各种文件，首页使用率最高，为它单独建一个文件夹很有必要。

　　10）web1、web2：放置 Web 文件。

项 目 拓 展

深入认识网站相关概念

Internet 服务器：我们浏览的网页都是放在 Internet 服务器上的。Internet 服务器就是提供 Internet 服务（如 www、FTP、E-mail 等）的计算机，当用户浏览网页时，实际上是由自己的计算机向 Internet 服务器发出一个请求，服务器在收到请求后，将所需内容发送给发出请求的计算机。对于 WWW 浏览服务来说，Internet 服务器主要用于存储所浏览的站点和网页。

本地计算机：浏览网页的客户所用的计算机称为本地计算机，本地计算机与服务器之间通过各种线路（光缆、网线、电话线）和各种中间环节进行连接，实现相互通信。

站点：站点用于存储提供给用户浏览的网页文件。它也是一种文档的磁盘组织形式，由文档和若干文件夹组成，文档经过组织分类分别放在不同的文件夹中。

本地站点与远端站点：存储在本地计算机上的站点是本地站点，存储在 Internet 服务器上的站点和相关文档称为远端站点。

Internet 服务程序：有些情况下（如站点中包含 ASP 程序），仅在本地计算机上是无法对站点进行完整测试的，此时需要依赖 Internet 服务程序。只有在本地计算机上安装了 Internet 服务程序，才能将本地计算机建成一台真正的 Internet 服务器。例如，在本地计算机上安装 PWS 或 IIS，即可将本地计算机建成一个 Internet 服务器。

下载和上传：资源从 Internet 服务器上下传到本地计算机的过程称为下载，反之称为上传。

项 目 小 结

本项目主要介绍了网站规划基础及在 Dreamweaver CC 2019 中建立站点的方法。主要利用"站点设置对象"对话框及"高级"选项卡来建立站点，建立站点过程中要明确注意的事项，才不会在后期的网页制作过程中出现问题。站点建立之后还可以利用站点管理功能对站点进行灵活的设置和修改，尽量让站点结构清晰明确，便于管理。

思考与练习

一、选择题

若要编辑 Dreamweaver CC 2019 站点，可采用的方法是（　　）。

A．选择"站点→管理站点"命令，在打开的"管理站点"对话框中选择一个站点，单击"编辑当前选定的站点"按钮

B．在"站点"面板中，切换到要编辑的站点窗口中，双击站点名称

C．选择"站点→打开站点"命令，然后选择一个站点

D．在"属性"面板中进行站点的编辑

二、简答题

1．如何在本地创建一个新站点？如何打开一个已有站点？如何对已有站点进行编辑？

2．假如你是某网站建设的项目经理，说一说你将如何规划网站？为你的项目制定一套命名规则。

三、操作题

作为一名网页设计师，在真正进入网站开发之前首先要完成网站目录的创建。请你完成你所在项目的目录结构的创建：在 D 盘根目录下建立一个站点目录"myweb001"，并在此站点根目录下建立相应的存放图像及其他文件的子目录，要求结构简洁明确，并利用"高级"选项卡在此目录下定义一个站点，站点名为"我的成长之路"。

项目三

HTML5 构建网站

HTML5 是一个新的网络标准，现在仍处于发展阶段，目标是取代现有的 HTML 4.01 和 XHTML 1.0 标准。它希望能够减少互联网富应用（rich internet application，RIA）对 Flash、Silverlight、JavaFX 等的依赖，并且提供更多能有效增强网络应用的应用程序接口（application programming interface，API）。HTML5 应用越来越广泛，移动设备例如 iPhone 手机、Android 手机等提供了对 HTML5 的支持。

项目一体化目标

◆ 了解 HTML5 基础知识和结构方法；
◆ 掌握 HTML5 结构元素和文本语义元素的含义；
◆ 在实际项目中灵活运用 HTML5 结构元素；
◆ 培养信息素养和职业岗位能力。

任务一　认识 HTML5

开始用 HTML5 设计网页之前，首先要掌握 HTML5 基础知识，如 HTML5 定义、浏览器的支持情况、编辑工具和文档格式等内容；同时，要理清 HTML5 与之前版本文档组织方法的不同、标签元素的不同，为 HTML5 构建网站准备必要的知识。

一、HTML5 基础知识

1. 什么是 HTML5

HTML5 是超文本标签语言（hypertext markup language, HTML）的最新版本，也是迄今为止最为先进的版本。HTML5 比较引人注目的一些新功能如下。

1）新增音频和视频的内置多媒体标签；

2）新增在浏览器中绘制内容的画布标签；

3）灵活的形式，允许通过使用必要属性完成诸如认证之类的操作。

HTML5 使用一组新的结构化标签（如 <header>、<footer>、<article>、<section>），改进了 HTML 文档构建方法。一个 HTML 文档通过结构化标签分成几个逻辑部分，所用的结构化标签描述了页面包含的内容类型。

2. 浏览器支持情况

HTML5 是一组独立标准的组合，有些标准已经得到一些浏览器很好的支持，有些标准则没有得到支持。不过，近年来主流浏览器对最新版本支持度越来越高，以下浏览器支持 HTML5 的绝大部分标准。

> **提示**
>
> 智能手机中绝大多数的浏览器对 HTML5 标准能提供很好的支持，使用 HTML5 开发移动 Web 更为高效便捷。

1）谷歌 Chrome 8 及更高版本；

2）Firefox 3.5 及更高版本；

3）Safari 4 及更高版本；

4）Opera 10.5 及更高版本；

4）IE 9 及更高版本。

3. 编写 HTML5 的工具

编写 HTML5 时可以使用编辑 HTML 的工具，如 SublimeText3 编辑器、Notepad 和 Editplus 等。当然，使用可视化编辑工具 Dreamweaver 也是很好的选择，可以快速建立 HTML5 文档模板。SublimeText3 是一款非常实用、轻量、简洁、高效、跨平台的编辑器，界面设置非常人性化，左边是代码缩略图，右边是代码区域，可以在左边的代码缩略图区域轻松定位程序代码，且其高亮色彩功能非常方便编程工作。SublimeText3 编辑器界面如图 3.1 所示。

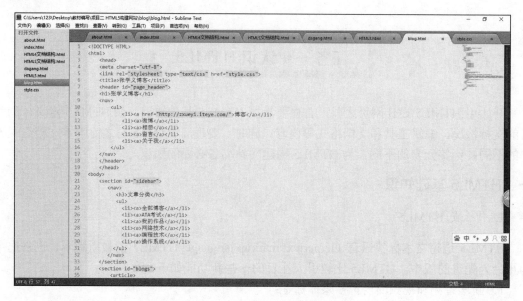

图 3.1　SublimeText3 编辑器界面

4. 创建 HTML5 文档的步骤

创建 HTML5 文档的步骤如下。

1）执行"文件"→"新建"命令，打开"新建文档"对话框，在"文档类型"栏选择"HTML"，在"框架"栏的"文档类型"下拉列表中选择"HTML5"，如图 3.2 所示。

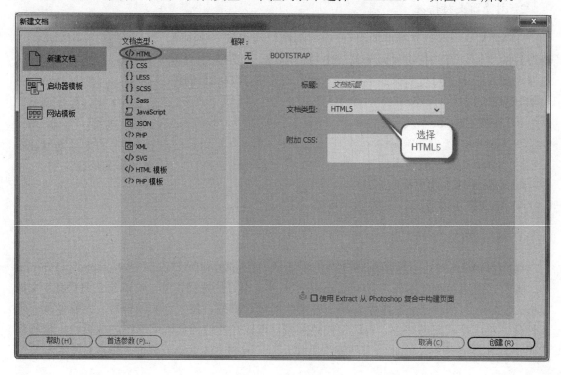

图 3.2　新建文档

2）再次单击"文件"菜单，选择"保存"命令，效果如图 3.3 所示。

3）在"另存为"对话框中输入文件名 test.html，注意文件扩展名应为 html，如图 3.4 所示。

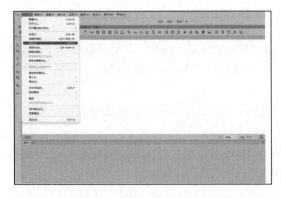

图 3.3　选择"保存"命令

图 3.4　输入文件名 test.html

4）单击"保存"按钮，进入 HTML 文档编辑界面，注意界面右下角提示为 HTML，如图 3.5 所示。

5）在 HTML 文档编辑界面中，输入"html:5"，按 TAB 键，即可自动生成 HTML5 模板文件，如图 3.6 所示。

图 3.5　HTML 文档编辑界面

图 3.6　自动生成 HTML5 模板文件

5. HTML5 基本文档格式

HTML5 文档模板文件主要代码如下。

```
<!DOCTYPE html>
<html lang="en">
<head>
    <meta charset="utf-8">
    <title>Document</title>
```

```
        </head>
        <body>
            ......
        </body>
        </html>
```

其中，第一行<!DOCTYPE html>为文档类型声明，<!DOCTYPE> 声明必须位于 HTML5 文档中的第一行，也就是位于 <html> 标签之前。该标签告知浏览器文档所使用的 HTML 规范。

第二行 HTML 的 lang 属性可用于网页或部分网页的语言，这对搜索引擎和浏览器是有帮助的。"en"表示英文，"zh"则表示中文。

第四行<meta charset="utf-8">中设置字符编码为 utf-8，utf-8 是国际字符编码，这种编码方式独立于任何一种语言，任何语言都可以使用。

二、HTML5 文档结构方法

1. HTML4 中表达文档结构的方法

在 HTML4 之前，为了在页面中表达"章→节→小节"这样的三层结构，一般采用大标题到小标题的层级方式，如下面的代码所示。

```
        <h1>1 HTML5 构建网站</h1>
        <h2>任务一 认识 HTML 文档结构</h2>
        <h3>1.1 知识一 HTML4 文档结构方法</h3>
        （1.1 的正文）
        <h3>1.2 知识二 HTML5 文档结构方法</h3>
        （1.2 的正文）
        <h2>任务二  HTML5 结构元素与大纲</h2>
        <h3>2.1 知识一 HTML5 新增结构元素</h3>
        （2.1 的正文）
        <h3>2.2 知识二 HTML5 中的大纲</h3>
        （2.2 的正文）
```

以上文档结构的代码中，分清层级关系十分困难。如"1 HTML5 构建网站"，它的代码只有<h1>1 HTML5 构建网站</h1>这一行，没有使用其他元素将<h1>元素中的内容包围起来，这一章的内容起止范围无从考查。

为了解决这个问题，在 HTML4 之后引入了 div 元素，可通过对<div>、</div>将一章的内容包围起来，具体使用的代码如下。

```
        <div>
            <h1>1 HTML5 构建网站</h1>
            <div>
                <h2>任务一 认识 HTML 文档结构</h2>
                <div>
```

```
    <h3>1.1 知识一 HTML4 文档结构方法</h3>
    （1.1 的正文）
    <h3>1.2 知识二 HTML5 文档结构方法</h3>
    （1.2 的正文）
  </div>
  <h2>任务二  HTML5 结构元素与大纲</h2>
  <div>
    <h3>2.1 知识一 HTML5 新增结构元素</h3>
    （2.1 的正文）
    <h3>2.2 知识二 HTML5 中的大纲</h3>
    （2.2 的正文）
  </div>
 </div>
</div>
```

使用 div 元素之后，这段文档的结构就层次清楚，一目了然。

但是，最初使用 div 元素的目的不是为了规划文档，而是通过使用格式样式美化页面。从语义上来说，div 元素不具备任何语义，因此，该元素不是用来组织文档结构的。

随着页面文档的不断复杂化，如果仅靠 div 元素来划分文档结构，对于含有大量用来划分文档结构的 div 元素和大量使用样式的 div 元素的一个页面，不仔细查看页面的代码，很难看出整个页面的文档结构。

2. HTML5 中表达文档结构的方法

在 HTML5 中，为了使文档结构更加清晰，更容易阅读，增加了很多具有语义性的专门用来划分文档结构的结构元素。HTML5 新元素带来的新的布局如图 3.7 所示。

相关的 HTML5 代码如下。

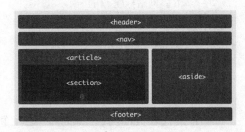

图 3.7　HTML5 新元素结构布局

```
<body>
 <header>...</header>
 <nav>...</nav>
 <article>
  <section>...</section>
 </article>
 <aside>...</aside>
 <footer>...</footer>
</body>
```

任务二 认识 HTML5 语义元素

HTML5 与之前的版本一个最大的不同，就是新增了语义和结构元素，因此，全面理解、掌握这些语义和结构元素，是构建 HTML5 网站的重要环节。部分元素有完整的示例代码，应亲自动手编写代码，在浏览器中运行示例，最终掌握这些元素的具体用法。

一、HTML5 新增结构元素

HTML5 通过提供一组标签而更清晰地定义构成某个 HTML 文档的主要内容块。不管 Web 页面最终如何显示内容，大多数 Web 页面都是由常见页面和元素的不同组合构成的。

1. header 元素

header 元素定义文档的页眉，通常是一些引导和导航信息。它不局限于写在网页头部，也可以写在网页内容里面。通常 header 元素至少包含（但不局限于）一个标题标记（<h1>~<h6>），还可以包括 hgroup 元素，表格内容、标识、搜索表单、nav 导航等。示例代码如下。

```
<header>
 <hgroup>
   <h1>网站标题</h1>
   <h1>网站副标题</h1>
   </hgroup>
</header>
```

2. nav 元素

nav 元素代表页面的一个部分，是一个可以作为页面导航的链接组，其中的导航元素链接到其他页面或者当前页面的其他部分，使 html 代码在语义化方面更加精确，同时对于屏幕阅读器等设备的支持也更好。示例代码如下。

```
<nav>
 <ul>
  <li>网络技术</li>
  <li>多媒体设计</li>
  <li>动漫设计</li>
 </ul>
</nav>
```

3. article 元素

article 元素代表文档、页面或应用程序中独立的、完整的、可以被外部独立引用的内容，它可以是一篇博客、用户的独立评论或一个独立的插件。

4. section 元素

section 元素用来定义文档中的节。比如章节、页眉、页脚或文档中的其他部分。section 元素表示在文档流中开始一个新的节，它用来表现普通的文档内容或应用区块，通常由内容及其标题组成。但 section 元素并非是一个普通的容器元素，它表示一段专题性的内容，一般会带有标题。

使用<section>标签进行页面文档结构的划分，示例代码如下。

```
<section>
    <h1>1 HTML5 构建网站</h1>
    <section>
        <h2>任务一 认识 HTML 文档结构</h2>
        <section>
            <h3>1.1 知识一 HTML4 文档结构方法</h3>
            （1.1 的正文）
            <h3>1.2 知识二 HTML5 文档结构方法</h3>
            （1.2 的正文）
        </section>
        <h2>任务二　HTML5 结构元素与大纲</h2>
        <section>
            <h3>2.1 知识一 HTML5 新增结构元素</h3>
            （2.1 的正文）
            <h3>2.2 知识二 HTML5 中的大纲</h3>
            （2.2 的正文）
        </section>
    </section>
</section>
```

> **注意**
>
> 当描述一件具体的事物的时候，通常鼓励使用 article 元素来代替 section 元素；当使用 section 元素时，仍然可以使用 h1 来作为标题，而不用担心它所处的位置，以及其他地方是否用到；当一个容器需要被直接定义样式或通过脚本定义样式时，推荐使用 div 元素而非 section 元素。

5. aside 元素

aside 元素用来装载非正文的内容，被视为页面里面一个单独的部分。它包含的内容与页面的主要内容是分开的，可以被删除，而不会影响到网页的内容、章节或是页面所要传达的信息，如广告、成组的链接、侧边栏等。示例代码如下。

```
<aside>
<h1>教材简介</h1>
```

```
<p>《HTML5+CSS3 网页制作与实训》</p>
</aside>
```

6. footer 元素

footer 元素定义 section 或 document 的页脚，包含了与页面、文章或是部分内容有关的信息，比如说文章的作者或者日期。作为页面的页脚时，一般包含了版权、相关文件和链接。它和 header 元素使用方法基本一样，可以在一个页面中多次使用，如果在一个区段的后面加入 footer，那么它就相当于该区段的页脚了。示例代码如下。

```
<footer>
  Copyright@张学义
</footer>
```

7. hgroup 元素

hgroup 元素是对网页或区段 section 的标题元素（h1~h6）进行组合。例如，在一区段中有连续的 h 系列的标签元素，则可以用 hgroup 将它们括起来。示例代码如下。

```
<hgroup>
  <h1>这是一篇介绍 HTML5 结构标签的文章</h1>
  <h2>HTML 5 的革新</h2>
</hgroup>
```

8. figure 元素

figure 元素用于对元素进行组合，多用于图像与图像描述组合。示例代码如下。

```
<figure>
  <img src="img.gif" alt="figure 元素" title="figure 元素" />
  <figcaption>这里是图像的描述信息</figcaption>
</figure>
```

二、HTML5 文本语义元素

一个语义元素能够清晰地向浏览器和开发者描述其意义。

<div> 和 <span> 等标签元素属于无语义元素，即无须考虑内容，如<div id="nav">是通过 id 类属性定义其内容；<form>、<table>、<img> 等标签元素则属于语义元素，该标签元素清楚地定义了它的内容。

1. time 元素

time 元素定义日期、时间文本。实例代码如下。

```
<!doctype html>
<html>
<head>
    <title>time</title>
</head>                                              ①
<body>
    <p>
        我的生日和 <time datetime="1980-10-01">国庆节</time> 是同一天
    </p>                                             ②
    <p>
        我每天 <time>9:00</time> 上班
    </p>
    <article>
        <p>我是 article 的内容</p>
         <footer>
            本 article 的发布日期是 <time datetime="2022-09-14" pubdate>昨天
</time>                                              ③
           </footer>
    </article>
    <p>
        本 html 的发布日期是<time datetime="2022-09-15T12:46:46" pubdate>
今天</time>                                          ④
    </p>
    <script type="text/javascript">
        // 目前无浏览器支持 valueAsDate
        alert(document.getElementsByTagName("time")[0].valueAsDate);  ⑤
    </script>
</body>
</html>
```

对以上①~⑤部分代码解释如下。

① time 用来定义日期、时间文本。

② datetime 用来定义元素的日期时间，如果不设置此属性，则必须在 time 元素的内容中设置日期时间。

③ pubdate 属于 bool（逻辑）类型，标识 time 是否是发布日期。在 article 中则代表当前 article 的发布日期，否则代表整个 html 的发布日期。

④ datetime 值中的"T"代表时间（"T"前面是日期，后面是时间）。

⑤ valueAsDate 是只读属性，将 time 中的日期时间转换为 Date 对象，目前无浏览器支持。

time 元素实例运行效果如图 3.8 所示。

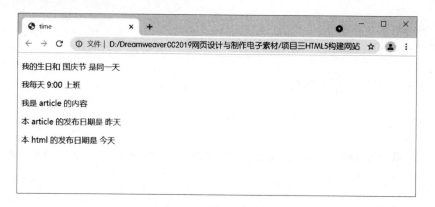

图 3.8　time 元素实例运行效果

2. em 元素

定义被强调的文本（一般浏览器会渲染斜体）（em 是 emphasis 的缩写）。实例代码如下。

```
<!doctype html>
<html>
<head>
    <title>em</title>
</head>
<body>
    <em>被强调的文本（一般浏览器会渲染斜体）</em>
</body>
</html>
```

em 元素实例运行效果如图 3.9 所示。

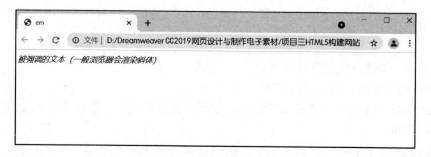

图 3.9　em 元素实例运行效果

3. mark 元素

定义一个标记文本，用于醒目显示。实例代码如下。

```
<!doctype html>
<html>
```

```
<head>
    <title>mark</title>
</head>
<body>
    <p>
        青岛西海岸新区中德应用技术学校 <mark>信息技术中心</mark>
    </p>
</body>
</html>
```

mark 元素实例运行效果如图 3.10 所示。

图 3.10　mark 元素实例运行效果

4. s 元素

定义不再精确或不再相关的文本（s 是 strike 的缩写）。实例代码如下。

```
<!doctype html>
<html>
<head>
    <title>s</title>
</head>
<body>
    <p>Windows 8 平板电脑</p>
    <p>
        <s>原价：5000 元</s>
    </p>
    <p>
        <strong>促销价：5 元</strong>
    </p>
</body>
</html>
```

s 元素实例运行效果如图 3.11 所示。

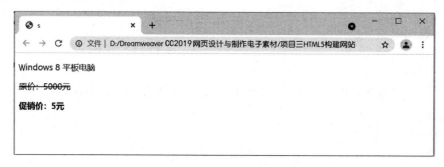

图 3.11　s 元素实例运行效果

5. strong 元素

定义重要的文本（一般浏览器会渲染为粗体）。实例代码如下。

```
<!doctype html>
<html>
<head>
    <title>strong</title>
</head>
<body>
    <strong>重要的文本（一般浏览器会渲染为粗体）</strong>
</body>
</html>
```

strong 元素实例运行效果如图 3.12 所示。

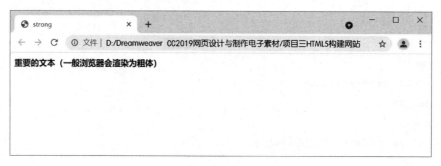

图 3.12　strong 元素实例运行效果

6. small 元素

定义小号文本。小号文本由<small>标签包裹，其内的文本将被设置为父容器字体大小的 85%。此代码中父容器为 body。实例代码如下。

```
<!doctype html>
<html>
<head>
```

```
    <title>small</title>
</head>
<body>
    <small>小号文本</small>
</body>
</html>
```

small 元素实例运行效果如图 3.13 所示。

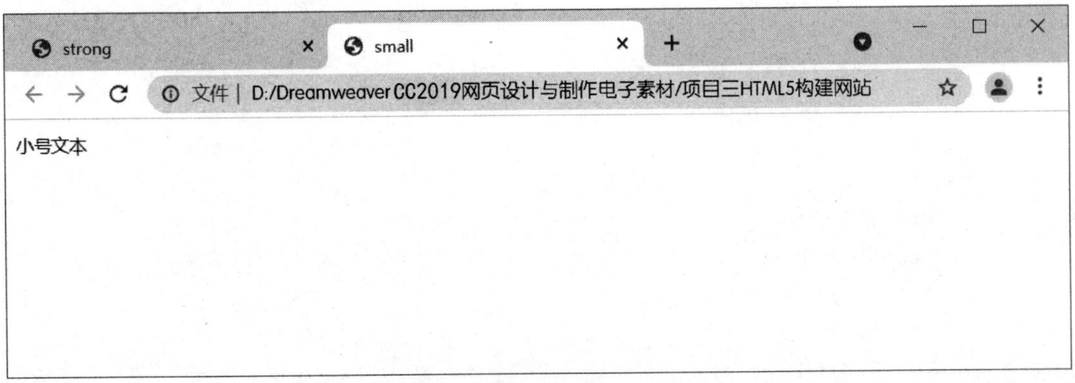

图 3.13 small 元素实例运行效果

7. form 元素

form 元素用来创建表单。实例代码如下。

```
<form action="form_action.asp"method="get">
  <p>First name:<input type="text"name="fhame"/></p>
  <p>Last name: <input type="text"name="lname"/></p>
<input type="submit" value="Submit"/>
</form>
```

form 元素实例运行效果如图 3.14 所示。

图 3.14 form 元素实例运行效果

8. table 元素

table 元素用来定义 HTML 表格。实例代码如下。

```
<table width="200" border="1">
    <tbody>
    <tr>
        <td>姓名</td>
        <td>性别</td>
        <td>年龄</td>
        <td>年级</td>
        <td>学号</td>
    </tr>
    <tr>
        <td>张三</td>
        <td>男</td>
        <td>16</td>
        <td>高一</td>
        <td>01</td>
    </tr>
    </tbody>
</table>
```

table 元素实例运行效果如图 3.15 所示。

图 3.15　table 元素实例运行效果

9. img 元素

img 元素定义 HTML 页面中的图像，向网页中嵌入一幅图像。实例代码如下。

```
<body>
<img src="file:///C|/Users/Administrator/
Desktop/北京天安门.jpg" width="400"
height="205" alt=" "/>
```

img 元素实例运行效果如图 3.16 所示。

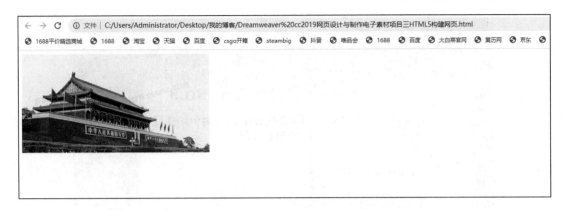

图 3.16 img 元素实例运行效果

任务三 在 Dreamweaver CC 2019 中编写 HTML5

在 Dreamweaver CC 2019 中编写 HTML5，利用提示功能，高效直观，按 F12 快捷键在编辑环境中就可以浏览网页效果。掌握可视化环境下编写 HTML 文档，是网页设计的必备技能之一。

一、可视化编辑 HTML

1）启动 Dreamweaver CC 2019 后，单击"查看"菜单，执行"代码"命令，或者直接单击文档编辑窗口中的编辑状态切换按钮"代码"，就可以打开源代码的文档编辑窗口，如图 3.17 所示。

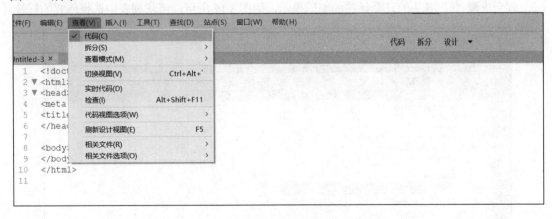

图 3.17 执行"代码"命令

2）执行"查看"→"拆分"命令，在子菜单中选择"水平拆分"或"垂直拆分"命令，或单击"文档工具栏"中的"拆分"按钮，可以切换至文档的拆分视图，并可以选择"设计-代码"或者"实时视图-代码"两种视图模式，这样既可以打开源代码的编辑窗口，又可以打开设计窗口；在编辑窗口编写 HTML 的同时，又可以看到页面的显示效果，如图 3.18 所示。

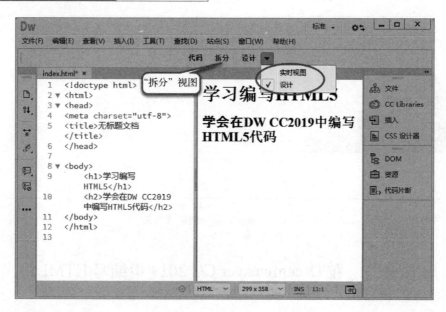

图 3.18　"拆分"窗口

二、HTML 标签的快速操作

在 Dreamweaver CC 2019 中，可以利用软件自带的代码提示功能完成标签及属性的快速输入。HTML5 的标签种类繁多，标签的属性也很多，对于初学者来说，准确输入这些标签和属性是一件很困难的事情，而代码输入辅助功能能够很好地解决这个问题，通过代码提示让初学者能够快速而准确地完成 HTML 代码的输入，具体操作步骤如下。

1）在 HTML 文档编辑窗口中，输入标签符号"<"后，就出现编码提示。当输入"<c"时，就会出现"c"开头的几个标签的编码提示，如图 3.19 所示，可从列表中选择所要的标签。

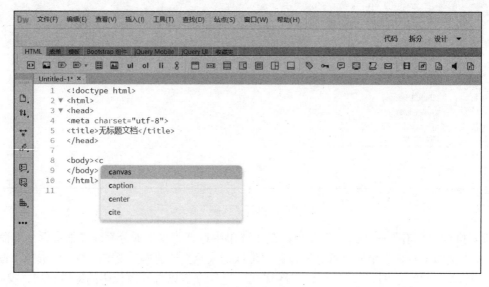

图 3.19　标签编码提示

2）在 HTML 文档编辑窗口中，当输入完标签后再按空格键，就会出现该标签的属性列表。从列表中选择一种属性并按回车键，即完成属性输入，如图 3.20 所示。

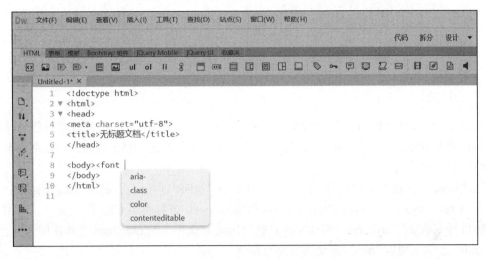

图 3.20　从属性列表中选择属性

项 目 实 训

创建博客网站

■实训目的

　　博客网站首页通常都有网页标题部分，显示该博客的网站标题与网站导航链接；网页侧边栏部分显示博主的自我介绍内容及博客链接；博客的文章摘要和文章列表部分也是博客的主要内容；页面底部多为版权信息。博客网站采用 HTML5 结构元素搭建整体网页结构，运用 CSS 样式表表现页面，整个页面风格简洁、主题突出。

扫码学习

创建博客网站

■实训提示

1）新建站点目录 d:/blog。

2）打开 Dreamweaver CC 2019，新建站点，名称为"博客"，新建 html5 文件，名为 blog.html。

3）文档类型声明部分。

```
<!DOCTYPE HTML>
<html lang="en-zh">
    <head >
```

```
    <meta charset="utf-8">
    <link rel="stylesheet" type="text/css" href="style.css">
    <title>张学义博客</title>
    </head>
<body>
……
</body>
</html>
```

<!DOCTYPE HTML>声明为 HTML5 文档类型，有两个作用，一是验证器依据它来判断采用何种验证规则去验证代码；二是强制浏览器以"标准模式"渲染页面，它在页面兼容所有浏览器时十分重要。

属性 lang="en-zh"指明网页语言为中文，charset="utf-8"则指网页采用国际通用编码 utf-8。

<link rel="stylesheet" type="text/css" href="style.css">该行引用 CSS 样式文件。本书电子素材提供样式表文件 style.css，将该文件复制到 blog 目录中，与 blog.html 文件在同一目录中。

<title>张学义博客</title>定义博客网页标题。

4）头部区域。

```
<header id="page_header">
    <h1>张学义博客</h1>
    <nav>
        <ul>
            <li><a href="http://zxueyi.iteye.com/">博客</a></li>
            <li><a href="#">微博</a></li>
            <li><a href="#">相册</a></li>
            <li><a href="#">留言</a></li>
            <li><a href="#">关于我</a></li>
        </ul>
    </nav>
</header>
```

头部区域通常包括标题、logo 图、搜索框和导航区等部分。该博客的头部只包括标题和导航区，同一个页面中可以包含多个 header 元素。每个独立的区段或文章块都可以拥有自己的头部，代码中要为头部添加唯一标示一个元素的 id 属性，如 id="page_header"，通过该 id 值，可以便捷地添加 CSS 样式。

在文档头部添加导航，导航链接分别指向首页、微博、相册、留言和关于自己。页面中可以包含多个 nav 元素。通常情况下，头部和尾部都会有导航，能够帮助浏览用户快速定位到网页或内容信息。

5）区段。

```
<section id="sidebar">
    <nav>
        <h3>文章分类</h3>
```

```
        <ul>
         <li><a href="#">全部博客</a></li>
         <li><a href="#">ATA 考试</a></li>
         <li><a href="#">我的作品</a></li>
         <li><a href="#">网络技术</a></li>
         <li><a href="#">编程技术</a></li>
         <li><a href="#">操作系统</a></li>
        </ul>
      </nav>
   </section>
```

区段是页面的逻辑区域，通过 section 元素将内容合理归类，section 元素取代 HTML4 被随意滥用的 div 标签。该段代码中，包括导航元素 nav，内含 3 号标题和无序列表，无序列表中包括 6 个超链接，实现左侧导航区。

6）文章。

```
      <section id="blogs">
        <article>
         <header>
         <h2>《Dreamweaver CC 网页设计与制作》</h2>
           <p>博客分类：我的作品</p>
         </header>
           <p>《Dreamweaver CC 网页设计与制作》张学义　科学出版社　ISBN:
978-7-03-074349-7</p>
           <p>编者的话</p>
           <P>随着 Internet 的迅猛发展，网站建设成为互联网领域的一门重要技术。掌握这
门技术首先要掌握一种网页开发工具，Dreamweaver 即是目前十分流行的工具软件之一。本书全面介绍
了 Dreamweaver CC 这款软件的强大功能，不仅介绍了静态网页的制作方法，还介绍了移动 Web 网页的
制作流程和方法，内容详尽，实用性强。</P>
           <footer>
             <p><a href="comments"><i>25 条评论</i></a> ...</p>
           </footer>
         </article>
      </section>
```

article 元素用来描述网页的实际内容，每篇文章都包含一个头部、一些内容和尾部，以上代码描述了一篇完整的文章。

注意

section 元素是对文档逻辑部分的描述，而 article 元素则是对具体内容的描述，例如杂志文章、博客日志、新闻条目等。区段可以包含多篇文章，文章内部又可以包含若干区段，因此 section 元素是更通用的元素，可以用来从逻辑上对其他元素进行分组。

7）尾部。

```
<footer id="page_footer">
    <nav>
        <ul>
            <li><a href="/">首页</a></li>
            <li><a>关于</a></li>
            <li><a>版权@2023 张学义</a></li>
        </ul>
    </nav>
</footer>
```

尾部也就是网页的底部区域，使用<footer>元素组织内容，以上代码含有导航元素 nav、无序列表和三个超链接，与头部区域相似。

8）样式部分。HTML5 组织一个网页，而样式表则是表现一个网页。在这里将代码呈现出来，完成该项目时引用这些代码，同时，使读者对样式表有一个初步的了解。

```
/*页面样式初始化*/
body{
  width:960px;
  margin:15px auto;
  font-family: Arial, "MS Trebuchet", sans-serif;
}
p{
  margin:0 0 20px 0;
}
p, li{
  line-height:20px;
}
/*头部样式表宽度定义*/
header#page_header{
  width:100%;
}
/*头部、尾部的导航、无序列表样式表定义*/
header#page_header nav ul, #page_footer nav ul{
  list-style: none;
  margin: 0;
  padding: 0;
}
#page_header nav ul li, footer#page_footer nav ul li{
  padding:0;
  margin: 0 20px 0 0;
  display:inline;
```

```
}
/*侧边栏样式表定义*/
section#sidebar{
    float: left;
    width: 25%;
}
/*文章区样式表定义*/
section#blogs{
    float:left;
    width:74%;
}
/*尾部样式表定义 */
footer#page_footer{
    clear: both;
    width: 100%;
    display: block;
    text-align: center;
}
```

> **提示**
>
> 以上代码正是<link rel="stylesheet" type="text/css" href="style.css">中样式表文件 style.css 的内容。

9）将 blog.html 文件拖放到 Chrome 浏览器中，博客网页效果如图 3.21 所示。

图 3.21 博客网页整体效果

项 目 拓 展

HTML5 技术优点

1. 网络标准

HTML5 本身是由 W3C 推荐出来的，它是通过谷歌、苹果、诺基亚、中国移动等几百家公司一起酝酿开发的技术，这个技术最大的好处在于它是一个公开的技术。换句话说，一方面，每一个公开的标准都可以根据 W3C 的资料库找寻根源；另一方面，由 W3C 通过的 HTML5 标准也就意味着每一个浏览器或每一个平台都可以实现 HTML5 技术。

2. 多设备、跨平台

HTML5 的优点主要在于，这个技术可以进行跨平台的使用。比如开发了一款 HTML5 的游戏，可以很轻易地将其移植到 UC 的开放平台、Opera 的游戏中心或 Facebook 应用平台，甚至可以通过封装的技术发放到 App Store 或 Google Play 上，所以它的跨平台功能非常强大，这也是大多数人对 HTML5 有兴趣的主要原因。

总结起来，HTML5 的优点主要有以下几个方面。

1）提高可用性和改进用户的友好体验。

2）有几个新的标签，这将有助于开发人员定义重要的内容。

3）可以给站点带来更多的多媒体元素（视频和音频）。

4）可以很好地替代 Flash 和 Silverlight。

5）当涉及网站的抓取和索引时，对于 SEO 很友好。

6）将被大量应用于移动应用程序和游戏。

项 目 小 结

本项目讲解了 HTML5 的基本概念及构建结构网页的方法，HTML5 的结构元素和文本语义元素，重点介绍了 HTML5 新元素，通过项目引导和项目实训，掌握 HTML5 布局网站方法的同时，可初步了解 CSS 样式的运用。

思考与练习

一、选择题

1. （　　）是 HTML5 新增的标签。

　A．<aside>　　　　　B．<isindex>　　　　C．<samp>　　　　　D．<s>

2. 以下说法不正确的是（　　）。

　A．HTML5 标准还在制定中　　　　　B．HTML5 兼容以前 HTML4 以下的浏览器

　C．<canvas>标签替代 Flash　　　　　D．简化的语法

3. 关于 HTML5 说法正确的是（　　）。

　A．HTML5 只是对 HTML4 的一个简单升级

　B．所有主流浏览器都支持 HTML5

　C．HTML5 新增了离线缓存机制

　D．HTML5 主要针对移动端进行了优化

4. （　　）不是 HTML5 的新标签。

　A．<article>　　　　B．<section>　　　　C．<address>　　　　D．<time>

5. 关于 HTML5 说法正确的是（　　）。

　A．HTML5 是在原有 HTML 上的升级版

　B．HTML 可以不需要文档类型定义（document type definition，DTD）

　C．没有<!DOCTYPE html>声明，HTML5 也可以正常工作

　D．<output>是 HTML5 的新标签

二、简答题

1. 什么是 HTML5？

2. 为什么 HTML5 里面我们不需要文档类型定义？

3. HTML5 的页面结构与 HTML4 或者更早期的 HTML 有什么不同？

4. 哪些浏览器支持 HTML5？

三、操作题

制作一个个人网站。

要求：

1）采用 HTML5 结构元素布局。

2）建议内容：网站主页、个人简介、学习经历、专业经历、兴趣和爱好、个人特长等。至少做出三个网页。

3）网页布局统一，导航方便，样式美观，个性鲜明。

项目四

网页的基本操作

一个网站是由许多网页组成的，网页中的各项元素决定了网页的多样性。在这些众多的网页元素中，文字、列表等是构成网页的基础，图像则是网页中不可缺少的元素，它可以美化网页、对事物进行图形化说明，往往起着画龙点睛的作用。多媒体技术的发展也为网页提供了更多新的元素。创建网页的文字、列表、图像等基本对象是网页设计制作的基础，应熟练掌握。

项目一体化目标

◆ 学会新建网页；
◆ 掌握网页文本操作方法；
◆ 学会创建文本列表；
◆ 学会插入图像；
◆ 学会设置网页属性；
◆ 培养细心、耐心操作的好习惯。

<h1 style="text-align:center">任务一　新建网页</h1>

掌握创建网页的两种方法：创建新的空白文档和基于模板的文档。

一、创建新的空白文档

1）选择"文件→新建"命令，打开"新建文档"对话框。

2）在"新建文档"对话框的"新建文档→文档类型"列表中选择要创建的文档类型，如图 4.1 所示。

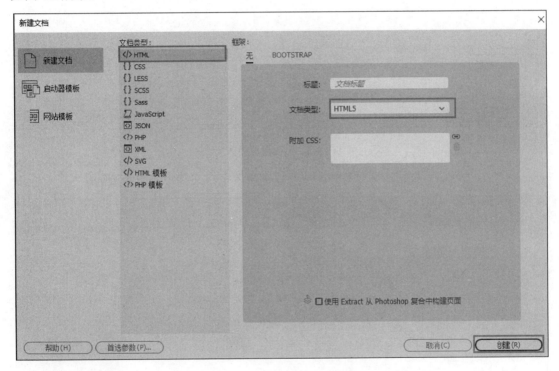

图 4.1　"新建文档"对话框

3）单击"创建"按钮，即可新建相应类型的空白文档。

二、创建基于模板的文档

模板是一种预先设计好的网页样式，在制作风格相似的页面时，只要套用同样的模板就可以设计出风格一致的网页。

1）选择"文件→新建"命令，打开"新建文档"对话框。

2）在"新建文档"对话框的"文档类型"列中选择"HTML 模板"，从右侧的"文档类型"下拉列表中选择"HTML5"选项，如图 4.2 所示。

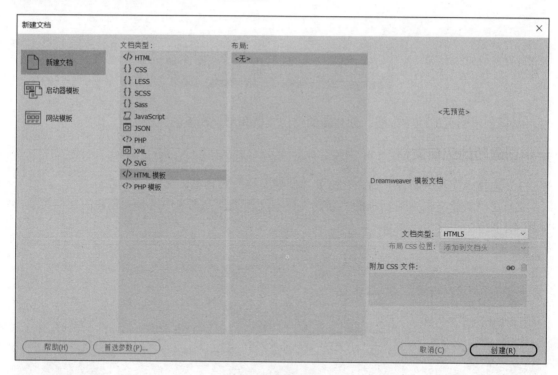

图 4.2 模板设置界面

3）单击"创建"按钮，即可新建相应模板类型的空白文档，如图 4.3 所示。

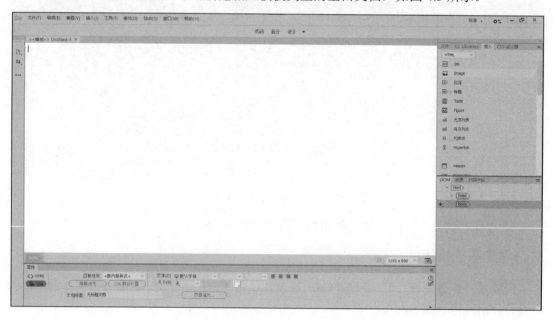

图 4.3 基于模板创建的空白文档

任务二　网页文本操作

文本作为网页的主体，可以准确快捷地传递信息，并且具有占据空间小、易复制、保存和打印等特点，已成为网页设计中不可替代的组成元素。本任务内容包括添加文本对象、格式化文本和插入特殊字符，重点掌握格式化文本的方法。

一、添加文本对象

先将光标定位到文档编辑窗口中要插入文本的位置，然后直接输入文本即可，也可用复制文本的操作将其他应用程序中的文本粘贴到当前的文档窗口中，如图 4.4 所示。

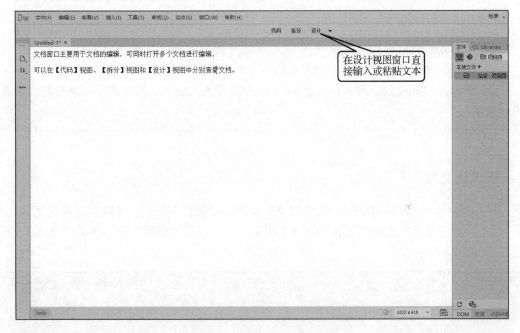

图 4.4　设计视图窗口编辑文本

注意

1）在默认情况下，Dreamweaver CC 2019 中不允许输入连续的空格，若要输入连续的空格可以通过以下几种方法进行。

① 按 Ctrl+Shift+Space（空格键）组合键。

② 将当前中文输入法切换到全角状态下。

③ 在"属性"面板中，选择"格式"下拉列表中的"预先格式化的"选项，如图 4.5 所示。

---

④ 在界面的右上方面板组中，选择"插入"选项卡，选择"不换行空格"选项，如图 4.6 所示。

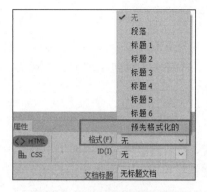
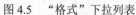

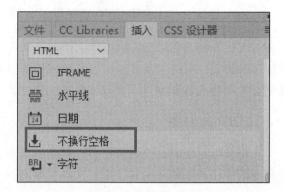

图 4.5 "格式"下拉列表　　　　　　　　图 4.6 不换行空格

2）在 Dreamweaver CC 2019 中进行文本换行时，注意以下操作的不同。

① 按 Enter 键，相当于插入 HTML 标签＜p＞，段落间距较大。

② 按 Shift+Enter 组合键，相当于插入 HTML 标签＜br/＞，间距较小，换行前后仍属同一段落。

二、格式化文本

利用 Dreamweaver CC 2019 中提供的调整文本的"属性"面板，可以对文本的字体、大小、颜色、对齐方式等进行设置，如图 4.7 所示；也可利用"编辑"菜单中的"文本"进行设置，如图 4.8 所示。

图 4.7 文本的"属性"面板

1. 设置文本标题格式

1）在 Dreamweaver CC 2019 设计视图窗口下，输入标题内容，如图 4.9 所示。

2）分别选中"一级标题""二级标题""三级标题"，在"属性"面板中的"格式"下拉列表中分别选择"标题 1""标题 2""标题 3"选项，可以调整标题字体的大小，如图 4.10 所示。

三个级别标题的最终效果如图 4.11 所示。

图 4.8 "编辑"菜单

图 4.9 输入标题内容

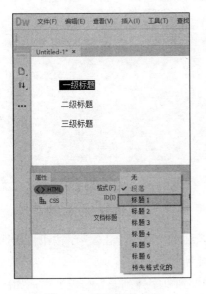

图 4.10 选择标题大小

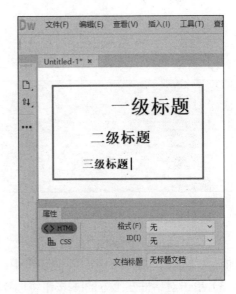

图 4.11 三个级别标题的最终效果

提示

网页中的文本共有六种标题格式，其对应的字号大小和段落对齐方式都是预先设定好的。在"格式"下拉列表中可以选择不同格式。

① "无"选项：用来设置无特殊格式，它规定文本格式仅决定于文本本身。

② "段落"选项：正文段落，在文本的开始与结尾处有换行，各行的文本间距较小。

③ "标题1"～"标题6"选项：用来设置标题1～标题6，分别为1～6号字大小。

④ "预先格式化的"选项：用来设置预定义的格式。

2. 设置文本字体

在 Dreamweaver CC 2019 中采用字体组合的方法，取代了简单地给文本指定一种字体的方法。所谓字体组合就是多个不同的字体依次排列的组合。在设计网页时，可以给文本指定一种字体组合，当在浏览器中浏览该网页时，系统会按照字体组合中指定的字体顺序自动寻找用户计算机中安装的字体。这样就可以照顾到各种浏览器和安装不同操作系统的计算机。

添加字体的方法如下。

1）在"属性"面板中单击"字体"右侧的下拉按钮 ▼，弹出如图 4.12 所示的下拉列表。选择"管理字体"选项，打开"管理字体"对话框，如图 4.13 所示。

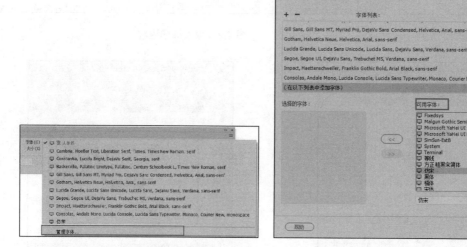

图 4.12 "字体"下拉列表　　　　　图 4.13 "管理字体"对话框

2）在对话框右下侧的"可用字体"列表中选择需要的字体，单击 ⟨⟨ 按钮将所选字体添加到左下侧的"选择的字体"列表框中，如图 4.14 所示。

3）单击对话框左上方的 ➕ 按钮将选择的字体添加到"字体列表"列表框中，如图 4.15 所示。

4）如果要添加多种字体到"字体列表"列表框中，只需重复前面的操作即可。添加完毕后单击"确定"按钮关闭对话框。

3. 设置文本字号和 CSS 样式

1）选中要设置字号的文本，选择"属性"面板中"大小"下拉列表中的选项，即可设置文本的字号，如图 4.16 所示。

2）CSS 样式的作用是定义某个特定对象的样式，如一般文字大小、首行缩进、行距、光标样式、滤镜效果等。选择"插入→Div"命令，打开"插入 Div"对话框，单击"新建

CSS 规则",打开"新建 CSS 规则"对话框,在对话框中的"选择器类型"下拉列表中选择"类(可应用于任何 HTML 元素)"选项,在"选择器名称"文本框中输入名称".size",在"规则定义"下拉列表中选择"(仅限该文档)"选项,如图 4.17 所示,单击"确定"按钮,完成设置文本的字号工作。在该 Div 的"属性"面板中单击"编辑规则"可以对样式进行编辑和修改,也可以单击"CSS 和设计器"来打开"CSS 设计器面板",在该面板中设置 CSS 样式,具体操作可参考项目八中有关 CSS 样式的相关内容。

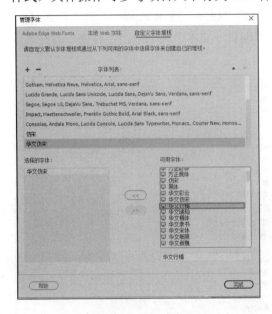

图 4.14 选择字体

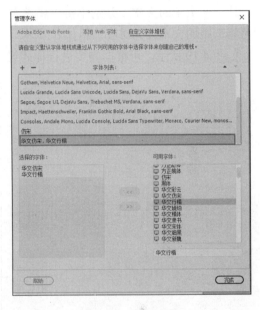

图 4.15 添加字体

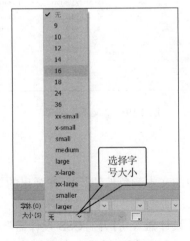

图 4.16 设置文本的字号

图 4.17 "新建 CSS 规则"对话框

4. 设置文本的对齐与缩进

1)设置文本的对齐。文本的对齐是指一行或多行文本在水平方向的位置。将光标定位在要对齐的文本所在的行中，在"属性"面板中，可以单击"左对齐""居中对齐""右对齐""两端对齐"按钮进行相应对齐操作，如图4.18所示。

2）设置文本的缩进。将光标定位到文本所在的行，选择"编辑→文本→缩进"命令即可完成文本的缩进。

5．设置文本样式

选中网页中的文本，分别单击"属性"面板中的"粗体"按钮 **B** 和"斜体"按钮 *I*，即可将选中的文本设为对应的粗体和斜体。或在"编辑→文本"菜单中，还有更多的样式设置，如图4.19所示，可根据需要进行样式设置。

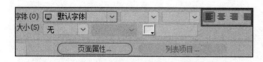

　　　　图4.18　设置文本对齐　　　　　　　　　　图4.19　"文本"菜单

6．设置文本颜色

1）选择要设置颜色的文本，单击"属性"面板中的文本颜色按钮 ，在弹出的颜色面板中就可以设置文本的颜色，如图4.20所示。

2）选择所需颜色，单击"属性"面板中的"CSS设计器"，打开"CSS设计器"面板，在该面板的"属性"窗格中可以设置文本颜色等属性，也可以创建样式表和添加选择器，如图4.21所示。

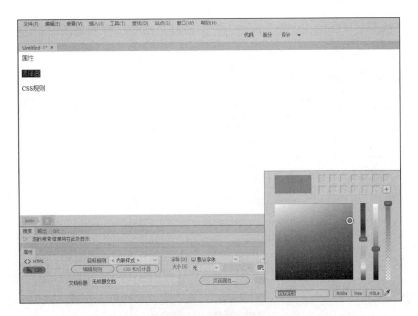

图 4.20 颜色面板

图 4.21 在"CSS 设计器"面板中设置文本属性

三、插入特殊字符

有时需要在网页中插入键盘上没有的特殊符号,如版权符号©、注册商标符号®等。

1)在文档窗口中,将光标定位到需要插入特殊字符的位置。

2）选择"插入→HTML→字符"命令，在其级联菜单中选择所需的字符即可，如图 4.22 所示。

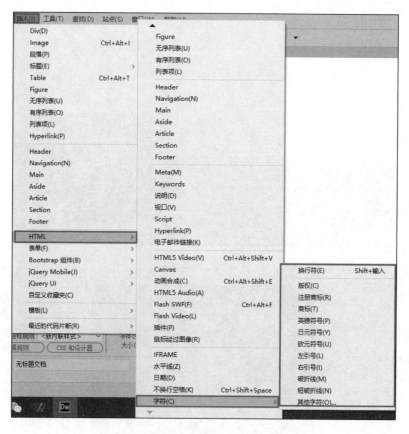

图 4.22　选择特殊字符

在右上方面板组的"插入"选项卡中单击"字符"下拉按钮 ，在弹出的下拉列表中选择相应的字符选项，也可以插入特殊字符，如图 4.23 所示。

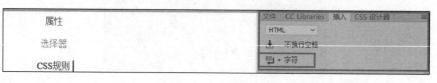

图 4.23　插入特殊字符

3）如果在"字符"下拉列表中仍没有找到要插入的字符，可以在图 4.22 所示菜单中选择"其他字符"选项。打开"插入其他字符"对话框，从中选择一种需要的字符，单击"确定"按钮即可，如图 4.24 所示。

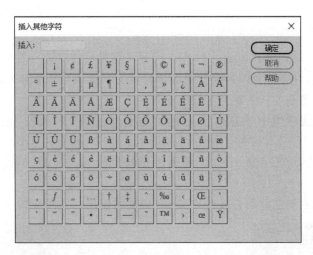

图 4.24　"插入其他字符"对话框

任务三　创建文本列表

使用文本列表可以将输入的文本进行有规律地排列，以使文本内容更加直观突出。文本列表分为项目列表和编号列表。因此，应熟练使用文本列表。

一、创建项目列表

项目列表也称无序列表。项目列表一般使用项目符号作为前导字符，各项目之间是并列关系，没有先后顺序。

1）将光标定位到页面需要插入项目列表的位置。

2）在右上方的面板组中单击"无序列表"按钮 **ul**，如图 4.25 所示，即可出现前导字符，如图 4.26 所示。

3）在前导字符后面直接输入文本，然后按 Enter 键，项目列表的前导字符会自动出现在下一行的行首。

4）完成项目列表的创建后，按两次 Enter 键即可退出，如图 4.27 所示。

图 4.25　"无序列表"按钮　　　　图 4.26　前导字符　　图 4.27　完成项目列表的创建

二、创建编号列表

扫码学习

创建编号列表

编号列表是对文本内容进行有序排列，因此又称为有序列表。在编号列表中，文本前面的前导字符可以是阿拉伯数字、英文字符或罗马数字等。

1）将光标定位到需要插入编号列表的位置。

2）在右上方的面板组中单击"有序列表"按钮 ，或在"属性"面板中单击"编号列表"按钮 ，即可出现前导字符，如图 4.28 所示。

3）在前导字符后面直接输入文本，然后按 Enter 键，编号列表的前导字符会自动出现在下一行的行首。

4）完成编号列表的创建后，按两次 Enter 键即可退出，如图 4.29 所示。

图 4.28　出现数字符号

图 4.29　完成编号列表的创建

三、创建嵌套列表

图 4.30　嵌套列表

如果想列出已创建好的文本列表一条中的细项，如图 4.30 所示，就要使用多级项目列表，也称为嵌套列表。

1）先在第一条下面添加其细项内容，共有两条。

2）将这两行都选中，单击"属性"面板中的"缩进"按钮 或按 Tab 键，这两项就变为下一级内容了。

3）单击"编号列表"按钮，就会变成图 4.30 所示的嵌套列表。

注意

通过选择"编辑→列表→属性"命令，或者单击"属性"面板上的"列表项目"按钮，都可以打开"列表属性"对话框，如图 4.31 所示，可以在这里进行列表属性的高级设置。

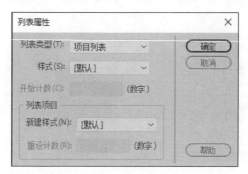

图 4.31　"列表属性"对话框

任务四 插 入 图 像

网页元素中离不开图像，如何插入图像和设置图像属性，是网页设计师必须掌握的基本技能之一。

一、插入图像

1）将光标定位到需要插入图像的位置。

2）选择"插入→Image"命令，如图 4.32 所示。或在右上方面板组中选择"插入"选项卡，单击 Image 按钮 ，如图 4.33 所示。

扫码学习

插入图像与
属性设置

图 4.32 通过"插入"菜单插入图像　　　图 4.33 通过面板组插入图像

3）在打开的"选择图像源文件"对话框中设定要插入的图像文件后，单击"确定"按钮，如图 4.34 所示。

4）如果选择的图像没有位于本地站点目录中，则会弹出图 4.35 所示信息提示对话框。单击"是"按钮打开"复制文件为"对话框，如图 4.36 所示，设定复制图像文件的位置及文件名，一般可以放在 images 文件夹下，保留原名即可。

5）单击"保存"按钮，即可将图像插入文档编辑窗口中，如图 4.37 所示。

图 4.34 "选择图像源文件"对话框

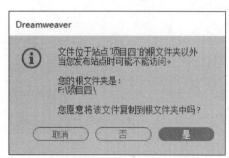

图 4.35 信息提示对话框

图 4.36 "复制文件为"对话框

图 4.37 将图像插入文档编辑窗口

二、设置图像属性

在文档编辑窗口中单击图像，"属性"面板中就会出现相应的图像属性，如图 4.38 所示。

图 4.38　图像"属性"面板

1）ID：在"属性"面板左侧可以输入图像的 ID，最好使用小写英文字母来命名，不要用汉字命名，以保证文件有好的兼容性。

2）源文件：显示当前图像的文件名。如果要替换图像，可以单击右侧的"浏览文件"按钮 或是直接拖动"指向文件"按钮⊕，进行更改。

3）链接：设置图像的超链接，可以在其中输入一个 URL 地址，也可以单击"浏览文件"按钮或是直接拖动"指向文件"按钮⊕，进行更改。

4）替换：图像无法显示时，代替图像显示的替代文本。在某些浏览器中，将鼠标指针移到图像上，也可以看到这些文本。

5）编辑：集合了一些常用的图像编辑工具，其功能如图 4.39 所示。

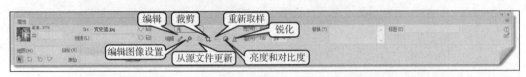

图 4.39　图像编辑工具

单击其中的"编辑"按钮，可以直接打开 Photoshop 或 Fireworks 对图像进行编辑。

6）宽和高：设置当前图像的宽度和高度，可以在其中直接输入数值，图像将根据输入的值进行缩放，但不会改变图像的字节数，也不会改变图像的下载时间。

7）类：选择一个类名，应用于该图像。

8）地图：选择一个地图形状，作为图像热点。

9）目标：链接时的目标窗口或框架。

10）原始：指定了在载入图像之前应该载入的图像。

任务五　设置网页属性

网页的页面包括诸多的属性设置，可在"页面属性"对话框中设置，这样既高效又便捷。

重要的网页属性有标题、背景颜色或背景图像、文本和超链接等的颜色设置、网页边界设置、网页文档编码等。使用"页面属性"对话框设置网页属性的步骤如下。

1）选择"文件→页面属性"命令，或者单击"属性"面板中的"页面属性"按钮，都会打开图 4.40 所示的"页面属性"对话框。

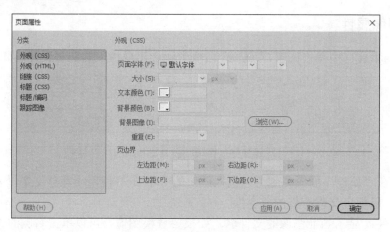

图 4.40 "页面属性"对话框

2）在"页面属性"对话框中，默认显示页面的外观设置，也可以对页面进行其他的外观设置。在该对话框中，比较常用的设置分类还有"链接"和"跟踪图像"，选中各项后，分别显示图 4.41 和图 4.42 所示的属性。根据需要设置完相关属性后单击"确定"按钮即可。

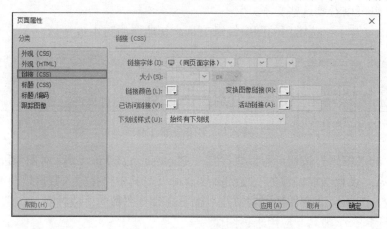

图 4.41 "链接"设置

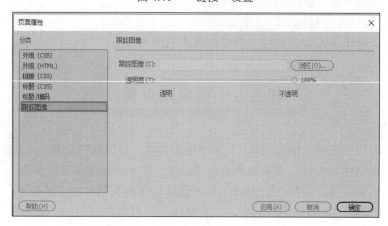

图 4.42 "跟踪图像"设置

项 目 实 训

制作"校园网"网页

■实训目的

1）掌握网页中常用元素的设计方法和插入方法。

2）掌握文本、图像、动画元素的属性设置方法。

3）初步掌握图文混排的基本方法。

4）可参考实训提示，自己创新，设计出风格独特的网页。

扫码学习

制作"校园网"网页

■实训提示

1．准备操作

打开"校园网"素材中的 xiaoyuanwang 文件夹，在 Dreamweaver CC 2019 中打开 index.html 文件，如图 4.43 所示，这是一个已经初步完成的网页。

2．插入 Flash 动画

1）在网页中单击要放置 Flash 动画的空白处，如图 4.44 所示。

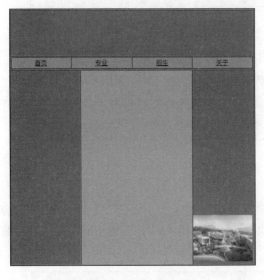

图 4.43 网页外观局部

图 4.44 Flash 动画的插入位置

2）选择"插入→HTML→Flash SWF"命令，在打开的文件夹对话框中选择"LOGO.swf"文件，如图 4.45 所示。

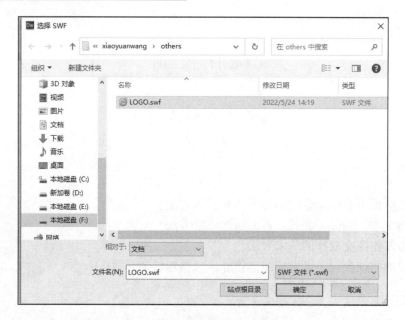

图 4.45 选择 Flash 动画文件

3）单击"确定"按钮后，Flash 动画就会插入到当前选定的位置，如图 4.46 所示。

图 4.46 插入 Flash 动画文件

单击 Flash 对象，对应的"属性"面板如图 4.47 所示。

图 4.47 Flash"属性"面板

Flash"属性"面板中各选项的作用如下。

① Flash 文档的基本属性选项：包括 Flash 文档命名、显示大小设置、文件（SWF 格式）和源文件（FLA 格式）的位置设定等文本框，以及调出 Flash 程序，并对 Flash 文件进行编辑的"编辑"按钮，如图 4.48 所示。

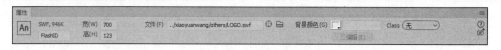

图 4.48 基本属性选项

② Flash 文档的常用属性选项：包括 Flash 文档的播放方式、边距、对齐方式、背景颜色，以及播放质量和缩放比例的设定，如图 4.49 所示。

图 4.49 常用属性选项

4）单击"播放"按钮，可以预览实际效果，如图 4.50 所示。

图 4.50 Flash 动画预览

5）单击"参数"按钮，可以进行相应的参数设置，如图 4.51 所示。将参数"wmode"的值设为"transparent"，利用该参数，可以将 Flash 动画设为透明背景。

3. 插入列表文字

1）将光标定位到网页上的"学校概况"处，如图 4.52 所示。
2）单击"属性"面板中的"项目列表"按钮，添加图 4.53 所示列表的文字。

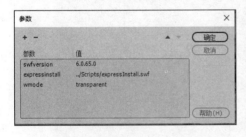

图 4.51 透明背景参数设置

图 4.52 定位光标

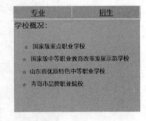

图 4.53 添加列表文字

4. 插入图像

1）单击网页上左侧需要插入图像的位置。

2）选择"插入→HTML→image"，在打开的对话框中选择要插入的图像后，单击"确定"按钮，如图 4.54 所示。

3）选中图像，在图像"属性"面板中调整图像大小，如图 4.55 所示。

插入图像后，网页显示如图 4.56 所示。

4）将图像文件选中后，按住鼠标左键，拖动图像至合适大小，在图像右侧输入介绍文本，完成后的页面如图 4.57 所示。

图 4.54　选择图像文件

图 4.55　图像"属性"面板

图 4.56　网页显示

图 4.57　图文混排

注意

在网页中要进行图像和文本的混合排版，可以有以下几种方法。

① 利用图像"属性"面板中的"左对齐"按钮。

② 利用层、表格，具体操作将在后面讲解。

③ 在代码视图中的<img>属性中加上<align="left">。

5. 完善网页

在网页的其他空白处添加相应的图像和文字，操作者可以用素材中的资源或者自己设定图像完善网页。完善后的网页预览效果如图 4.58 所示。

图 4.58 网页预览效果

项 目 拓 展

网页的配色原则

相比颜色单一的网页，颜色搭配得当的彩色网页给人的印象更深刻。那么在网页建设中，应该遵循什么样的配色原则呢？下面从两个方面进行说明。

1. 网页色彩搭配

1）色彩有饱和度和透明度的属性，属性的变化产生不同的色相，所以至少可以制作几百万种色彩。

研究表明：人对彩色的记忆效果是黑白的 3.5 倍。也就是说，在一般情况下，彩色页面较完全黑白页面更加吸引人。

2）主要内容文字用非彩色（黑色），边框、背景、图像用彩色。这样页面整体不单调，看主要内容也不会眼花。

3）黑白是最基本和最简单的搭配，灰色是万能色，可以和任何色彩搭配，也可以帮助两种对立的色彩和谐过渡。

4）将色彩按"红→黄→绿→蓝→红"依次过渡渐变，就可以得到一个色彩环。色彩环的两端是暖色和寒色，中间是中性色。

5）色感。不同的颜色会给浏览者不同的心理感受。例如：红色——冲动、愤怒、热情、活力；绿色——和睦、宁静、健康、安全，它和金黄、淡白搭配可以产生优雅、舒适的气氛；橙色——轻快、欢欣、热烈、温馨、时尚；黄色——快乐、希望、智慧和轻快，明度最高；蓝色——凉爽、清新，它和白色混合，能体现柔顺、淡雅、浪漫的气氛；白色——洁白、明快、纯真、清洁；黑色——深沉、神秘、寂静、悲哀、压抑；灰色——中庸、平凡、温和、谦让、中立、高雅。每种色彩在饱和度、透明度上略微变化就会给人以不同的感觉。

6）网页色彩搭配的特点是具有鲜明性、独特性、合适性、联想性。

7）用色趋势：单色→五彩缤纷→标准色→单色。

2. 网页用色

1）用一种色彩。选定一种色彩，调整透明度或饱和度，产生新的色彩，这样看起来色彩统一，有层次感。

2）用两种色彩。先选定一种色彩，然后选择它的对比色，这样页面色彩丰富且不花哨。

3）用一个色系，如淡蓝、淡黄、淡绿或者土黄、土灰、土蓝。

4）用黑色和一种彩色。例如，大红的字体配黑色的边框感觉很"跳"。网页配色中，控制在三种颜色以内，背景和前文的对比尽量要大，以便突出主要文字内容。

项 目 小 结

文本、图像、列表等都是构成网页的基本元素，会插入这些元素，并会设置相应的属性是网页基本操作项目的重点。在已经布局好的网页中，插入必要的元素，加上恰当的设置，定能制作出有特色的网页来。

思考与练习

一、单选题

1.（　　）无法实现在文档窗口中插入空格。

　　A. 在中文的全角状态下按 Space 键

　　B. 插入一张透明的图像

　　C. 选择 Insert 菜单下的 None-breaking Space

　　D. 按 Ctrl+Shift+Space 组合键

2．HTML 的颜色属性值中，Black 的代码是（　　　）。

    A．"#000000"　　　　　　　　　　B．"#008000"

    C．"#C0C0C0"　　　　　　　　　　D．"#00FF00"

3．Dreamweaver 保存当前文档的快捷键是（　　　）。

    A．Ctrl+S　　　　B．Ctrl+Shift+S　　　C．Ctrl+F12　　　　D．Ctrl+F7

二、多选题

1．可以对文本设置的对齐方式有（　　　）。

    A．分散对齐　　　B．居中　　　　　　C．左对齐　　　　　D．右对齐

2．在"页面属性"对话框中，可以设定的属性有（　　　）。

    A．默认字体家族　B．字号大小　　　　C．背景颜色　　　　D．超链接数量

3．Dreamweaver CC 2019 提供的文档窗口视图有（　　　）。

    A．设计视图　　　B．混合视图　　　　C．拆分视图　　　　D．代码视图

4．在 Dreamweaver CC 2019 中输入文本时，如果要分段则需按（　　　）键。

    A．Shift+Enter　　B．Enter　　　　　C．Alt+Enter　　　　D．Ctrl+Enter

三、操作题

1．制作一个介绍自己的个人网页。要求图文并茂，有个人特色。

2．在一幅图像上创建一个三角形热点链接，并设置空链接。

项目五

表格的运用

在网页设计中，表格是一个不可或缺的元素，使用最为广泛，大多数的网页都是用表格来组织的。利用表格来组织网页内容，对网页中的元素实现准确的定位，既可以使页面变得丰富多彩、错落有致，又可以使整个网页布局合理、结构协调。合理地设置表格内容，并充分发挥想象力，有时可以使网页得到别出心裁的效果。

项目一体化目标

◆ 了解创建与调整表格的方法；

◆ 理解各种表格模式；

◆ 灵活运用表格来进行网页的布局；

◆ 通过项目中的案例提升对中国传统文化的认知和兴趣，增强对民族文化的认同感和自豪感。

任务一 创建表格

掌握在网页中插入表格、调整表格大小的基本方法，掌握导入、导出表格的基本步骤。

一、在网页中插入表格

1）打开一个页面，将光标定位到需要放置表格的位置。

2）选择"插入→Table（表格）"命令，或单击"面板组→插入→Table（表格）"工具栏中"表格"按钮田，打开"Table"对话框，如图 5.1 所示。

"Table"对话框中各主要选项的作用如下。

① 行数和列：设置表格的行数和列数。

② 表格宽度：设置表格的宽度值。有"百分比"和"像素"两种单位可供选择。

③ 边框粗细：设置表格的边框宽度数值。当其值为 0 时，表示没有表格线。

④ 单元格边距：表示单元格之间两个相邻边框线（左与右、上和下边框线）间的距离。

⑤ 单元格间距：用于输入单元格内的内容与单元格边框间的空白数值，即单元格四周的空白处。

3）设置插入表格的行数及列数后，如图 5.2 所示，单击"确定"按钮，即可在 Dreamweaver 中插入一个表格。

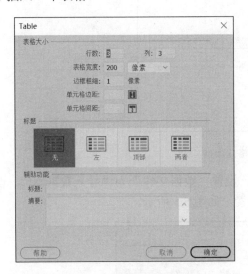

图 5.1 "Table"对话框

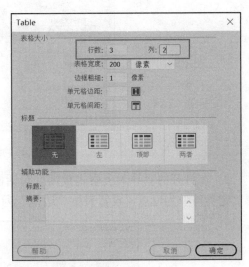

图 5.2 插入一个 3 行 2 列的表格

二、调整表格大小

选中表格，再用鼠标拖动各个方向的黑色控制柄即可调整表格的大小。同样，可以单独调节表格中的列或行的宽度，如图 5.3 所示。

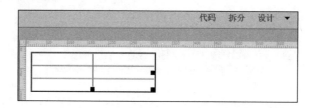

图 5.3 表格周围的控制柄

三、导入外部数据

表格式数据是以 Tab 键、空格或逗号、句号等分隔的数据，这些数据通常被存为文本文件，这样的表格不能称为完全意义上的表格，因为其只是通过各种定界符（定界符就是设定界限的符号）去分隔数据。可以通过 Dreamweaver CC 2019 来导入这种表格式数据。

扫码学习

导入外部数据

1）选择"文件→导入→表格式数据"命令，如图 5.4 所示。

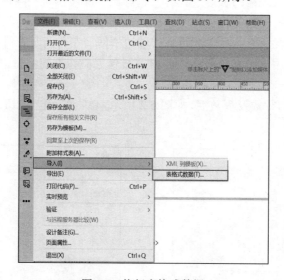

图 5.4 执行表格式数据

2）在打开的"导入表格式数据"对话框中，设置"数据文件"为"导入数据.txt"，设置"定界符"为逗点，设置表格"边框"为 1 像素，如图 5.5 所示。

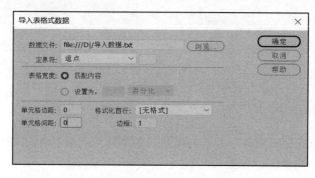

图 5.5 设置导入表格式数据参数

3）单击"确定"按钮，导入表格式数据，如图 5.6 所示。

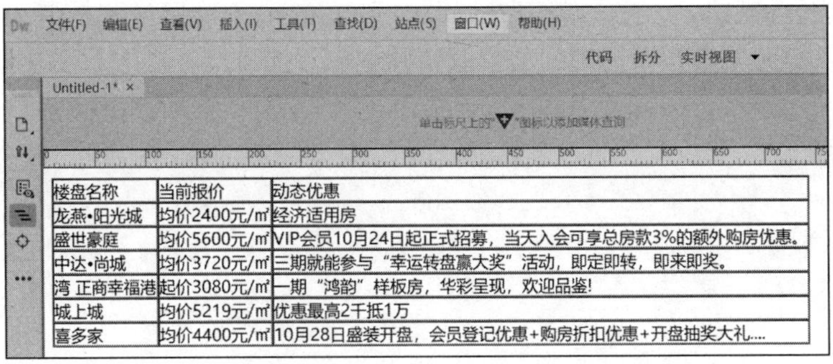

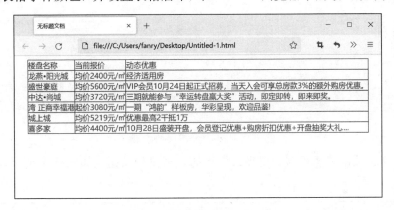

图 5.6　导入表格式数据

4）设置表格字体颜色，并设置表格居中，在 Firefox 浏览器中的最终效果如图 5.7 所示。

图 5.7　导入表格最终效果

四、导出表格数据

可以使用 Dreamweaver CC 2019 将表格数据导出到文本文件中，其中相邻单元格的内容，可以选择逗号、句号、分号或空格等作为分隔符来隔开。

选中要导出数据的表格，选择"文件→导出→表格"命令，打开"导出表格"对话框，在此设置定界符与换行符，然后单击"导出"按钮，打开"表格导出为"对话框，选择一个记事本文件，单击"保存"按钮，就实现了数据的导出。

任务二　认识扩展表格模式

了解扩展表格模式的作用，学会操作进入和退出扩展表格模式。

扩展表格模式是 Dreamweaver 的新增选项，利用扩展表格模式可以对网页中的所有表格添加单元格边距和间距，并增加表格的边框来使编辑操作更加简便。

1）选择表格，右击，在快捷菜单中单击"表格→扩展表格模式"命令，如图 5.8 所示，即可进入扩展表格模式。注意：只有在"设计"视图中才可切换到扩展表格模式。利用这种模式，可以快捷地选择表格中的项目或精确地放置插入点，避免无意中选中其他不相关的元素。

扫码学习

扩展表格模式

图 5.8 "扩展表格模式"命令

2）单击文档顶部的"扩展表格模式"上的"退出"按钮，如图 5.9 所示，即可退出扩展表格模式。

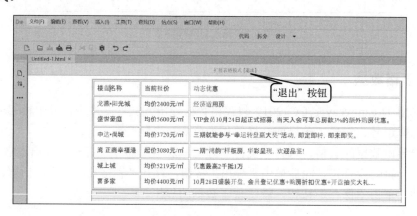

图 5.9 退出扩展表格模式

任务三 编 辑 表 格

熟练掌握编辑表格的主要操作：选择单元格，合并与拆分单元格，设置表格属性和单元格属性，为网页中的表格应用打好基础。

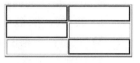

一、选择单元格

以任务一创建的表格为例，按住 Ctrl 键，分别单击相应的单元格，当前单元格即被选中，如图 5.10 所示。

图 5.10 选中单元格

二、合并与拆分单元格

1）选中需要合并的单元格，选择"编辑→表格→合并单元格"命令，如图 5.11 所示，或直接在选中的单元格上右击，在弹出的快捷菜单中选择"合并单元格"命令，即可以对所选单元格进行合并。

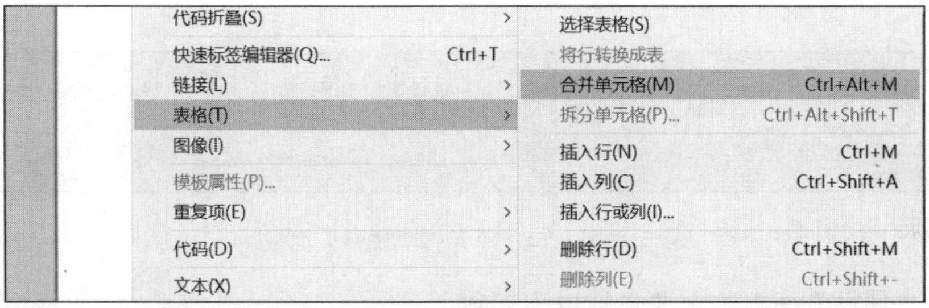

图 5.11 合并单元格

2）选中需要拆分的单元格并右击，在弹出的快捷菜单中选择"表格→拆分单元格"命令，如图 5.12 所示，在打开的"拆分单元格"对话框中输入要拆分的行数或列数，即可对所选单元格进行拆分。

图 5.12 拆分单元格

三、设置表格整体属性

选中页面中的整个表格，可以通过位于面板组中的"属性"面板来设置表格的属性，如图 5.13 所示。

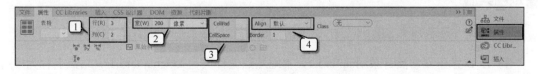

图 5.13 表格"属性"面板

表格"属性"面板中主要包括以下参数。

1）行/列：表格行或列的数目。

2）宽度：表格的宽度，有%和像素两种单位。

3）间距与边距："CellPad"为间距，设置单元格内容与单元格边界的距离；"CellSpace"为边距，设置单元格之间的距离。

4）对齐：表格的对齐方式。

四、设置单元格属性

选中页面中的单元格，可以通过位于面板组中的"属性"面板来设置单元格的属性，如图5.14所示。

图 5.14　单元格"属性"面板

单元格"属性"面板中主要包括以下参数。

1）水平：设置单元格中内容的水平对齐方式。

2）垂直：设置单元格中内容的垂直对齐方式。

3）背景颜色：设置当前选中单元格的背景颜色。

项 目 引 导

制作"购物清单"

■ 项目概述

制作一个购物清单的网页，掌握网页中表格的填充背景颜色及文字的对齐方式、加粗、大小等参数基本设置技巧，最终使表格设置完成效果达到电商行业标准。

扫码学习

制作"购物清单"

■ 项目实施

1. 建立站点及网页

1）在 D 盘建立站点目录 chapter5.1，本地站点文件夹为 D:\chapter5.1\，站点名称为"购物清单"，如图5.15所示。

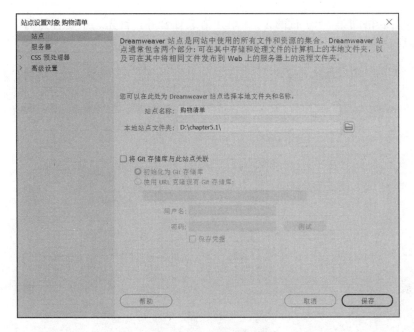

图 5.15　设置站点名称

2）右击"文件"面板中的购物清单文件夹，在弹出的快捷菜单中选择"新建文件"命令，新建文件 index.html，如图 5.16 所示，保存文件。

2. 制作购物清单表格

1）选择"插入→Table（表格）"命令，在打开的"Table"对话框中设置表格的"行数"为 7、"列"为 4，"表格宽度"为 600 像素，"标题"为"顶部"，如图 5.17 所示，单击"确定"按钮。

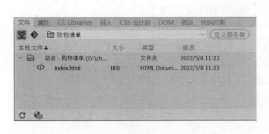

图 5.16　新建文件 index.html

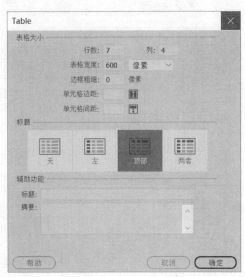

图 5.17　设置表格参数

2）分别对表格的第 5~7 行的 1~3 单元格进行合并，首先选中要合并的单元格，右击，在弹出的快捷菜单中选择"合并单元格"命令，如图 5.18 所示。

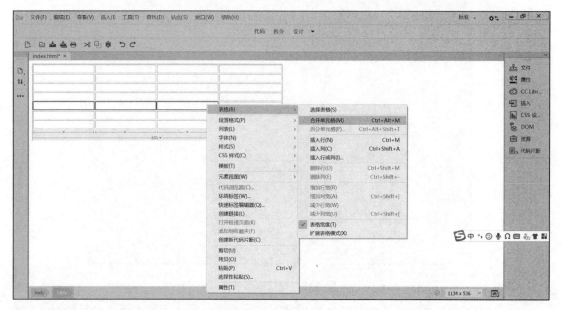

图 5.18　合并单元格

完成单元格合并后的效果如图 5.19 所示。

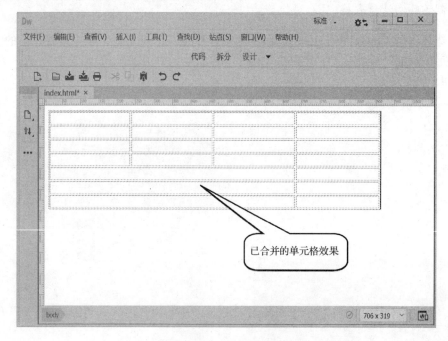

图 5.19　单元格合并后的效果

3）在表格输入购物清单数据，如图 5.20 所示。

货物	价格	数量	总计
咖啡杯	¥60.00	5	¥300.00
衬衫	¥120.00	5	¥600.00
红色订书机	¥54.00	4	¥216.00
小计			¥1,116.00
运输费			¥72.00
合计			¥1,188.00

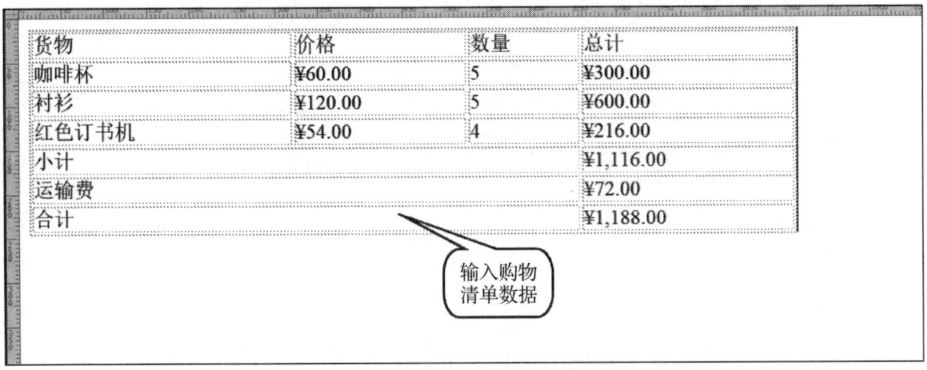

图 5.20　输入购物清单数据

4）选中表格的每行，分别设置表头行的背景色为#0099FF，偶数行的背景色为#DDD，奇数行的背景色为#F3F3F3，形成斑马纹的效果，如图 5.21 所示。

货物	价格	数量	总计
咖啡杯	¥60.00	5	¥300.00
衬衫	¥120.00	5	¥600.00
红色订书机	¥54.00	4	¥216.00
小计			¥1,116.00
运输费			¥72.00
合计			¥1,188.00

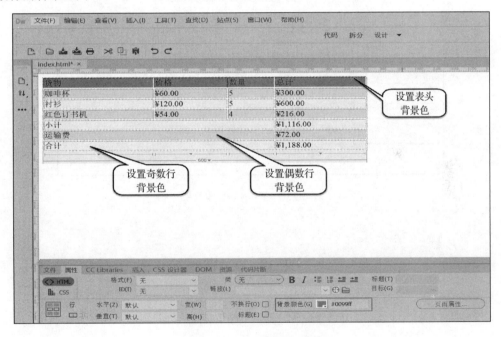

图 5.21　表格背景色的设置

5）分别选中 2～4 列的文本，在“属性”面板中将水平设置为“右对齐”，最后一行文本设为“粗体”，并将合计数设置为标题 h2 号大小，突出显示合计金额数。最终效果如图 5.22 所示。

3. 网页购物清单整体效果

保存文件 index.html，将文件拖放到 Firefox 浏览器中，显示效果如图 5.23 所示。

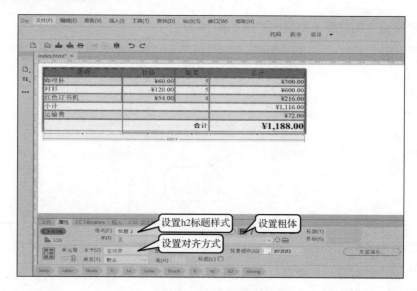

图 5.22 最终效果

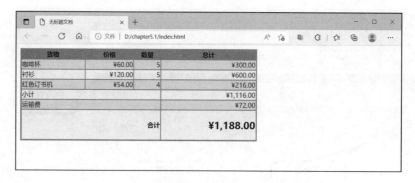

图 5.23 购物清单整体效果

项 目 实 训

制作"端午节"网站

实训目的

1）掌握利用表格进行布局的方法。

2）掌握表格属性的设置方法。

3）初步掌握设置表单验证及设置接收结果的方式。

4）参考本实训提示，自己创新，设计出风格独特的网页。

扫码学习

制作"端午节"网站

实训提示

1）在 D 盘建立站点目录 chapter5.2 及子目录 images 和 files，站点名称为"端午节"，如图 5.24 所示。

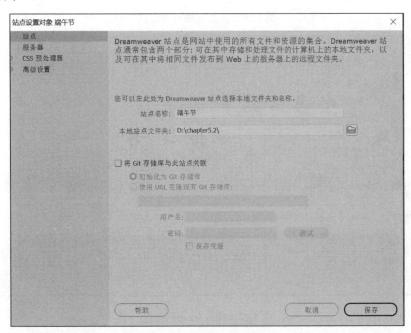

图 5.24 站点定义

2）在 Dreamweaver 起始页中的"新建"选项组中选择"HTML"选项，创建新网页。选择"文件→保存"命令，打开"另存为"对话框，将文件命名为"index1.html"，保存在站点根目录下。

3）制作标题部分。

① 插入"总体布局"表格。选择"插入→Table"命令，在打开的"Table"对话框中设置表格的"行数"为4，"列"为0，"表格宽度"为800像素，"边框粗细"为0像素，如图 5.25 所示。

② 单击"确定"按钮，在面板组中的"属性"面板中设置表格"对齐"方式为"居中对齐"，效果如图 5.26 所示。

③ 切换到设计视图，在表格的第一行单元格内插入 banner，将光标定位到表格的单元格中，选择"插入→Image"命令，插入制作好的图像，如图 5.27 所示。

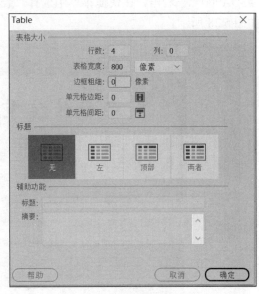

图 5.25 设置表格参数

图 5.26　设置表格对齐方式

图 5.27　插入 banner 图像

4）制作导航部分。

① 在设计视图中，将光标定位到第二行，在"属性"面板中将该行的背景颜色设置为"#3DA900"，右击，在快捷菜单中选择"表格→拆分单元格"命令，将第二行拆分成 5 列，如图 5.28 所示。

图 5.28　将第二行拆分单元格

② 在设计面板中表格第二行第一列打入"首页"，以此类推，在后面几个单元格输入"端午介绍""起源传说""各种食俗""异国端午"，文字居中，如图 5.29 所示。

图 5.29 在第二行的单元格内输入文字

5）制作正文部分。

① 插入"左侧边栏"布局表格。在"总体布局"表格第三行的单元格中插入 2 行 1 列的新表格，如图 5.30 所示，将插入表格颜色改为#BFFF9B，如图 5.31 所示。

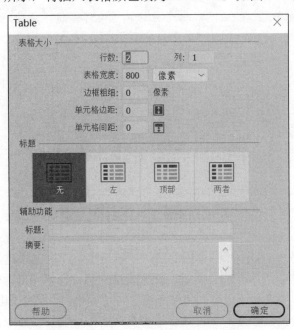

图 5.30 插入"左侧边栏"布局表格

图 5.31　修改表格颜色

② 将光标定位到"左侧边栏"表格的第一行单元格中，在该单元格中执行"插入→Image"命令，在打开的对话框中选择图像"zuo1"，插入左侧图像，如图 5.32 所示。

图 5.32　插入图像"zuo1"

③ 将光标定位到"左侧边栏"表格的第二行单元格中，在该单元格中插入一个 2 行 1 列的"端午歌谣"表格，如图 5.33 所示，在该表格的第一行单元格内输入文字"端午节歌谣"，并将素材文本中的"歌谣内容"复制到第二行单元格内，效果如图 5.34 所示。

④ 选中"左侧边栏"表格，右击执行"表格→插入行或列"命令，在该表格的右侧增加一列，调整合适的列宽。将素材中的"端午简介"内容复制到新增加列的第一行单元格中，设置文字左对齐，效果如图 5.35 所示。

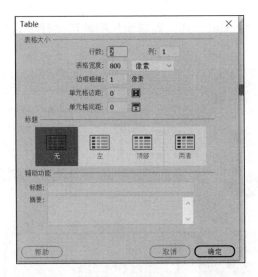

图 5.33　插入"端午歌谣"表格

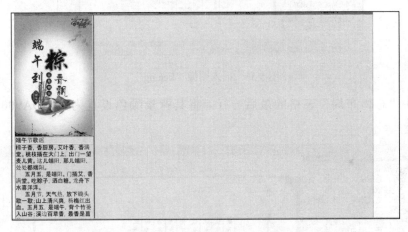

图 5.34　文字表格输入效果

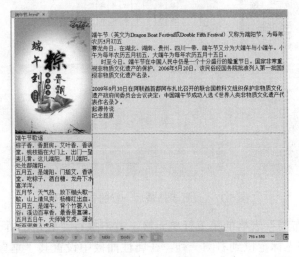

图 5.35　输入"端午简介"

⑤ 将素材中的图像"ketang"插入到新增加列的第二行单元格中，调整列宽，效果如图 5.36 所示。

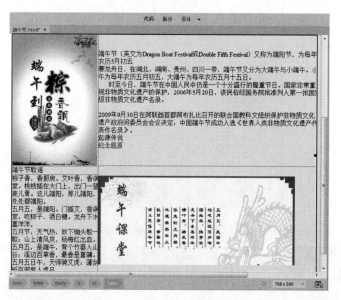

图 5.36　插入图像"ketang"

⑥ 选中"总体布局"表格的最后一行，将其背景颜色设置为"#3DA900"，效果如图 5.37 所示。

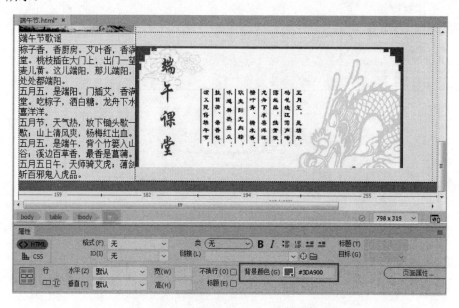

图 5.37　设置表格最后一行的背景颜色

⑦ 选中"总体布局"表格的第三行单元格，右击执行"表格→拆分单元格"命令，将该行拆分成两列。将光标定位到右侧一列，在属性面板中设置其**垂直**属性为"顶端"，如图 5.38 所示。插入图像"quyuan"，调整大小为宽 213，高 568，如图 5.39 所示。

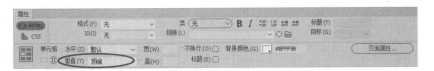

图 5.38　设置"垂直"属性为"顶端"

图 5.39　插入图像"quyuan"

⑧ 按 Ctrl+S 组合键保存网页，按 F12 键在谷歌浏览器中预览，最终效果如图 5.40 所示。

图 5.40　最终效果

项 目 拓 展

表格的高级操作：制作圆角表格

在制作网页时为了美化网页，常常把表格边框的拐角处做成圆角，这样可以使网页整体更加美观。下面就给大家介绍一种制作圆角表格的方法，它能很好地适应各种浏览器和不同分辨率，大部分网页都使用这种方法。

图 5.41 选取圆角部分

1）先用 Photoshop 等作图软件绘制一个圆角矩形，再用"矩形选框工具"选取左上角的圆角部分，如图 5.41 所示，并复制该圆角。

2）保持圆角部分的选取状态，直接新建一幅图像，Photoshop会根据选取部分的高度、宽度自动设置新建图像的大小。执行"保存"命令，保存为 1.gif 格式。

3）重复步骤 2，制作 3 个方向的圆角，分别保存文件为2.gif、3.gif、4.gif，如图 5.42 所示。

4）打开 Dreamweaver CC 2019，插入一个 3 行 3 列的表格，设置其边框粗细、单元格边距和单元格间距值都为 0，如图 5.43所示。

1. gif　3. gif

2. gif　4. gif

图 5.42　保存图像为.gif 格式

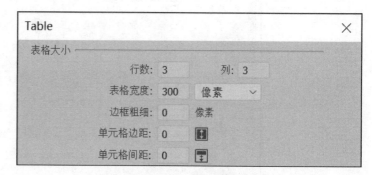

图 5.43　表格设置

分别在第一行第一列插入图像 1.gif，在第一行第三列插入图像 3.gif，在第三行第一列插入图像 2.gif，在第三行第三列插入图像 4.gif，图像对齐方式设置为绝对居中对齐。并设置单元格的高度、宽度与图像一致，也可以通过 ╫ 直接对表格进行调整，如图 5.44 所示。

设置第一行第二列和第三行第二列的单元格背景颜色与圆角图像的颜色一致，如图 5.45所示。

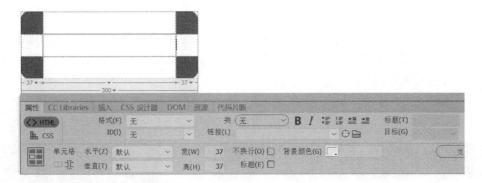

图 5.44　设置单元格的宽高与图像一致

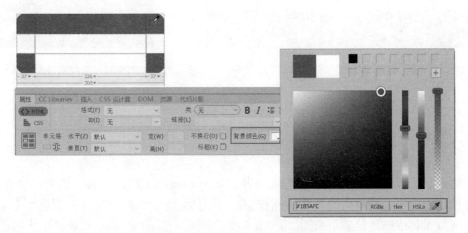

图 5.45　设置单元格背景色

在设计视图模式下，选中第一行第二列单元格，切换到拆分视图，在<td bgcolor= "#1B6AFC"> </td>这行中删除其中的 字符（Dreamweaver CC 2019 会自动在每个单元格中插入此字符，若不删除会撑大表格），如图 5.46 所示。重复上述步骤，最后的效果如图 5.47 所示。

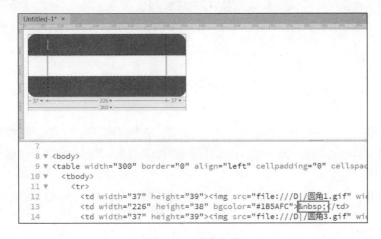

图 5.46　删除字符

调整表格宽度和高度，添加文字，即完成了圆角表格的制作，如图 5.48 所示。在 Dreamweaver CC 2019 中，还可以利用 CSS 样式设置元素边框的圆角属性，使用 border-radius 属性可以设置元素不同位置、不同大小的圆角效果，具体操作读者可以参考项目八中关于 CSS 设计器的相关知识。

图 5.47　删除字符后的效果

图 5.48　圆角表格显示效果

项 目 小 结

表格通常可以使信息更容易被理解。利用 Dreamweaver CC 2019 强大的表格功能，用户可以方便地创建出各种规格的表格，并能对表格进行特定的修饰，从而使网页更加生动活泼。表格在网页设计中的地位非常重要，可以说如果表格用不好的话，就很难设计出出色的网页。表格除了可以辅助排版外，还可以制作出多种效果，如可以利用一个 1 行 1 列的单元格制作出来一条水平线……发挥自己的观察能力和创造能力，多思考利用表格还可以制作出什么样的效果。

思考与练习

一、选择题

1. 网页中的表格排版，在合并单元格时，所选择的单元格区域必须是（　　），否则无法合并。

　　A．矩形　　　　　　B．图形　　　　　　C．连续的矩形　　　D．连续的图形

2. 网页中的表格排版，按（　　）键在删除行或列时，可以删除多行或多列，但不能删除所有行或列。

　　A．Shift　　　　　　B．Delete　　　　　　C．Tab　　　　　　D．Esc

二、简答题

1．"表格"对话框内各主要选项的作用是什么？
2．使用 Dreamweaver CC 2019 将表格数据导出到文本文件中的步骤是怎样的？

三、操作题

利用布局表格排版制作一个网页，排版时要注意留出以下区域：网页标志区域、广告区域、导航区域、正文区域及版权区域。整体外观要求协调中富于变化、重点区域突出，并富有创新性。

项目六

超链接的设置

超链接是网页中非常重要的一部分，可以说，没有超链接就没有互联网的今天。在前面的项目里，已基本掌握并建立好了一个本地站点和相关的网页文件。接下来就是在这些网页中插入其他文档的链接。

项目一体化目标

◆ 理解超链接的定义；
◆ 理解绝对路径和相对路径的含义；
◆ 掌握在网页创建各种超链接的方法；
◆ 了解超链接的管理；
◆ 通过项目案例，了解中国非遗文化、丰富文化内涵、提高文化品位，弘扬非遗传承精神，增强民族文化自信。

任务一 认识超链接

互联网发展到今天，可以说超链接起到了至关重要的作用。正是纵横交错的网页链接为人们提供了海量的信息，形成了互联网的世界。首先要认识超链接的定义，然后掌握绝对超链接和相对超链接的真正内涵。

一、超链接的定义

超链接是指从一个网页指向一个目标的链接关系，这个目标可以是另一个网页，也可以是相同网页上的不同位置，还可以是一张图像、一个电子邮件地址、一个文件，甚至是一个应用程序或者一个网站的地址。而在一个网页中用来超链接的对象，可以是一段文本或是一张图像。当浏览者单击已经链接的文字或图像后，链接目标将显示在浏览器上。

二、超链接的分类

根据链接的路径不同，超链接可以分为绝对超链接和相对超链接。

绝对超链接使用的是绝对地址，绝对地址的 URL 格式为"协议://域名/目录/文件名"，常用的协议有 FTP 和 HTTP 等。域名就是服务器的地址，可以是 IP 地址，如 192.168.3.3，也可以是文字域名，如 http://www.sina.com/index.htm。一般来讲，如果链接对象不在本网站内，建议使用绝对超链接。

相对超链接使用的是相对地址，相对地址指缺少 URL 中的一个或多个组成部分，一般同一个网站内的相互超链接都使用相对地址。相对地址又分为根文件夹相对地址和文档相对地址，前者以"/"开头，如/index.htm 就是指站点根文件夹中的 index.html 文件。文档相对地址是以当前网页文件所在文件夹为基础的地址，如 download.asp 是指当前网页文件所在文件夹中的 download.asp 文件。

根据链接使用对象不同，超链接又可以分为文本超链接、图像超链接、电子邮件超链接、锚记超链接等。Dreamweaver CC 2019 中提供了多种创建超链接的方法。下面将详细学习各类超链接的制作。

任务二 创建超链接

超链接是使用不同对象实现链接的，这些对象主要包括文本、图像、电子邮件、下载等。对不同对象创建超链接的步骤、方法不尽相同，本任务要求掌握不同对象实现链接的方法。

一、创建文本超链接

1. 用"属性"面板创建文本超链接

1）打开一个要创建文本超链接的网页，选中用于创建超链接的文本。

2）执行下列操作之一。

① 在"属性"面板中的"链接"文本框中输入链接对象的路径和名称，如图 6.1 所示。

② 拖动"属性"面板中"链接"文本框后面的 ⚙ 图标到"文件"面板中的目标对象上。

③ 单击"属性"面板中"链接"文本框后面的"浏览文件"按钮，打开"选择文件"对话框，在该对话框中选择要链接的对象，单击"确定"按钮。

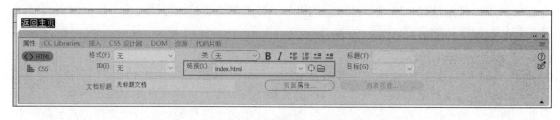

图 6.1　创建超链接时的"属性"面板

3）在"属性"面板中的"目标"下拉列表中可选择目标对象打开的方式。"目标"下拉列表中有以下六个选项。

① 默认：超链接创建后，链接文字下面会出现蓝色的下划线。

② _blank：每个链接会创建一个新的窗口，并在新窗口中打开链接对象。

③ _parent：在父窗口中打开链接对象。

④ _self：在当前窗口打开链接对象，该项为默认选项。

⑤ _top：在最顶端的窗口中打开链接对象。

⑥ new：在同一个刚创建的窗口中打开链接对象。

如果没有特殊要求，一般使用默认选项即可。

2. 用菜单创建文本超链接

1）将光标定位到要创建超链接的位置。

2）选择"插入→Hyperlink"命令，打开"Hyperlink"对话框，如图 6.2 所示。在该对话框中进行相关的设置。设置完毕，单击"确定"按钮。

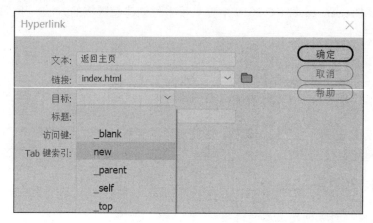

图 6.2　"Hyperlink"对话框

在"Hyperlink"对话框中,常用选项的含义如下。

①"文本"文本框:用于输入在网页中作为超链接的文本。

②"链接"文本框:用于输入目标文档的路径和名称,也可以单击后面的"浏览"按钮,在打开的对话框中选择目标文件。

③"目标"下拉列表:意义同"属性"面板中的"目标"下拉列表。

④"标题"文本框:输入当鼠标指针移向该链接时将要显示的文字。

⑤ 访问键:在该文本框中输入等效的键盘键(一个字母),用于在浏览器中选择表单对象。

⑥ Tab 键索引:输入一个数字以指定表单对象的 Tab 键顺序。

以上选项中只有前两项为必选项。

> **提示**
>
> 在利用"属性"面板创建超链接时,只有在"链接"文本框中输入目标文件后,"目标"下拉列表中的内容才可用。

二、创建图像超链接

图像超链接就是在图像上加入链接信息,相对文本超链接而言,图像超链接更加生动形象,因此在网站中得到了广泛的应用,许多新闻、广告都采用图像超链接。其创建步骤和文本超链接的创建类似。

扫码学习

创建图像
超链接

1)打开一个网页,在适当位置插入一幅图像。

2)单击该图像,在"属性"面板中的"链接"文本框中输入要链接的对象的路径和名称,在"目标"文本框中输入目标对象的打开方式,如图 6.3 所示。

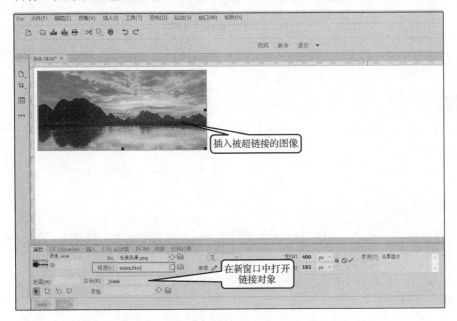

图 6.3 图像的"属性"面板

3）选择"文件→保存"命令保存网页文件，按 F12 键预览效果。

三、创建电子邮件超链接

为了方便访问者对网站提意见或进行其他联系，可以对电子邮件地址制作超链接，浏览者单击电子邮件超链接就会自动打开电子邮件软件，并在收信人地址栏自动填写该超链接所用的电子邮件地址。

1）打开一个网页文件。

2）选中要作为电子邮件超链接的文本或其他对象。

3）在"属性"面板中的"链接"文本框中输入电子邮件地址，如图 6.4 所示。

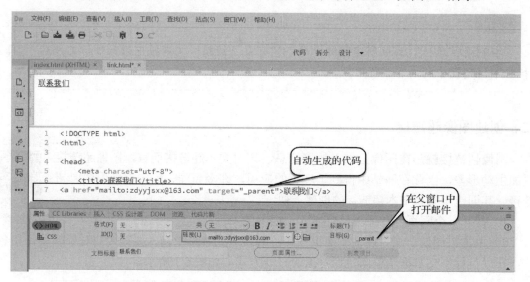

图 6.4　电子邮件超链接

4）完成制作后，按 F12 键预览一下网页，单击刚建的电子邮件超链接就会自动打开发送电子邮件的窗口。

> **注意**
>
> 在"链接"文本框中输入的电子邮件地址前必须加"mailto:"并且中间不能有空格，冒号必须是半角。

四、创建下载超链接

如果你想做一个网站，让用户可以下载网站内的文件包等文件，就需要创建一个下载链接来实现。

1）打开一个网页，选中用于创建下载时链接的文本或者图像。

2）执行下列操作之一。

① 在"属性"面板中的"链接"文本框中输入链接对象的路径和名称，如图 6.5 所示。

② 拖动"属性"面板中"链接"文本框后面的●图标到"文件"面板中的目标对象上。

③ 单击"属性"面板中"链接"文本框后面的"浏览文件"按钮，打开"选择文件"对话框，在该对话框中选择要链接的对象，单击"确定"按钮。

在浏览器中单击超链接，将自动显示下载保存文档。实现用户下载文件的效果如图 6.6 所示。

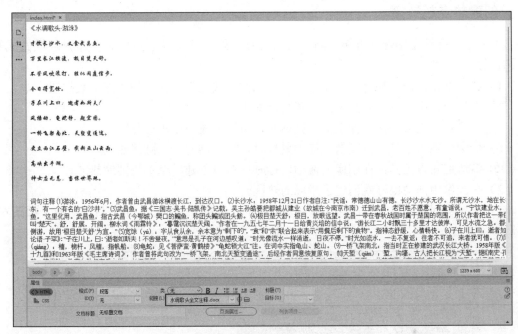

图 6.5　创建下载超链接时的"属性"面板

图 6.6　实现用户下载文件的效果

注意

　　浏览器下载设置不同，出现的下载选项也会不同，如浏览器已设置默认的下载位置则不会出现"另存为"保存方式。

五、创建热点超链接

　　上面已经介绍了图像超链接，除了上面的方法外，还可以把图像的一部分区域做成热点超链接。

　　1）选中要创建热点超链接的图像，单击图像"属性"面板中的热点工具按钮。

　　"属性"面板中有三个热点工具，其功能如下。

　　① 矩形热点工具：在图像上拖动鼠标时，可以创建一个矩形热区。

　　② 椭圆形热点工具：在图像上拖动鼠标时，可以创建一个圆形热区。

　　③ 多边形热点工具：在图像上拖动鼠标时，可以创建一个不规则的热区。

　　2）在图像中拖动鼠标就创建了相应的热区。

　　3）选择刚创建的热区，在其"属性"面板的"链接"文本框中输入目标对象，如图 6.7 所示。

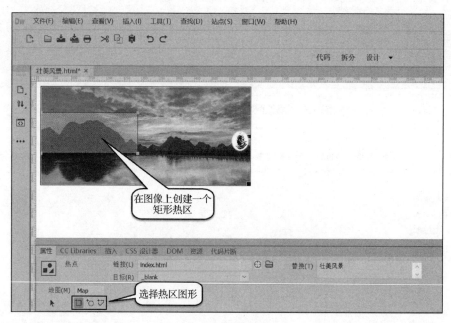

图 6.7　热区超链接

　　4）重复上述操作即可创建其他的热点超链接。

六、创建锚记超链接

　　当一个网页内容太长，需要在同一个网页内的不同内容之间进行跳转时，可以通过创建锚记超链接来实现。

1）打开一个篇幅较长的网页文件。

2）将光标定位到网页中的目标位置。鼠标右键选择"插入→HTML"命令，插入<a>标签。

扫码学习

创建锚记
超链接

3）在"命名锚记"属性面板中的"名称"文本框中输入锚点的名称，单击页面时就会在页面中出现一个锚点标记 如图 6.8 所示。

4）选中页面中要创建锚记超链接的对象，在"属性"面板中的"链接"文本框中输入"#al"（#+锚点名称），如图 6.9 所示。这时一个锚记超链接就创建完成了，当单击该超链接时，就会跳转到锚点所在的位置。

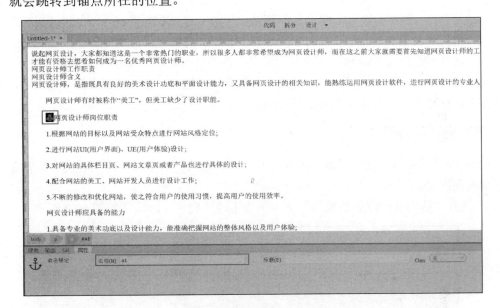

图 6.8 "命名锚记"属性面板

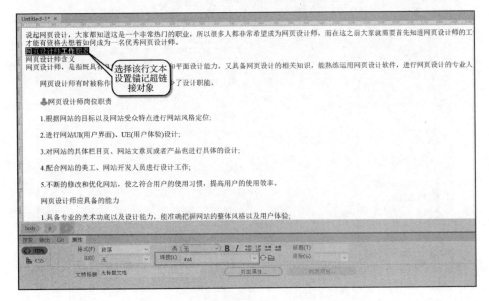

图 6.9 创建锚记超链接时的"属性"面板

注意

锚点名称不能用中文，不能包含空格，不能以数字开头并且锚点不能位于层中。

任务三　管理超链接

网站与网站、网站内网页与网页之间都是由超链接建立联系的，网站内部通常有众多的超链接，尤其是大型网站。在开发网站的过程中，经常需要有修改文件名、移动文件的位置等操作，这样易造成站点的断链、死链和孤立文件等，因此，站点超链接的管理十分重要。网站设计设置自动更新超链接、在站点范围内更新超链接，是设计过程中的必要一环，而检查站点中的超链接错误也是需要重点掌握的技能。

一、自动更新超链接

1）选择"编辑→首选项"命令，在打开的"首选项"对话框中的"分类"列表框中选择"常规"选项。

2）选择"移动文件时更新链接"下拉列表中的"提示"选项，如图 6.10 所示。

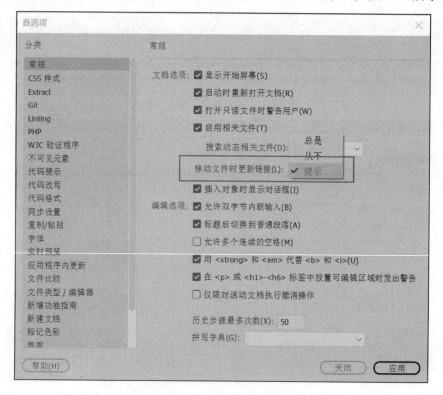

图 6.10　"首选项"对话框

提示

选择"总是"选项，则每当移动文档或重命名文档时，Dreamweaver会自动更新其指向文档的所有超链接。

3）当移动文档时，Dreamweaver 将弹出一个信息提示对话框，其中列出了此更改将影响到的所有文件。例如，在"文件"面板中移动文件 index.html 至文件夹 file，弹出"更新文件"信息提示对话框，单击"更新"按钮，更新这些文件中的超链接，如图 6.11 所示。

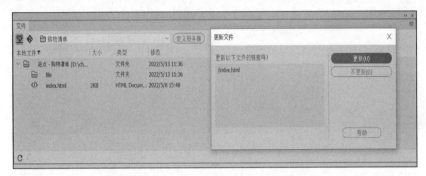

图 6.11 "更新文件"信息提示对话框

二、在站点范围内更改超链接

除了移动或修改文件名时使 Dreamweaver 自动更新超链接外，还可以手动更新所有的超链接，以指向其他的位置，具体操作步骤如下。

1）打开已创建的站点本地视图，选中一个文件，选择"站点→站点选项→改变站点范围的链接"命令，打开"更改整个站点链接"对话框，如图 6.12 所示。

2）单击"确定"按钮，弹出"更新文件"信息提示对话框，如图 6.13 所示。

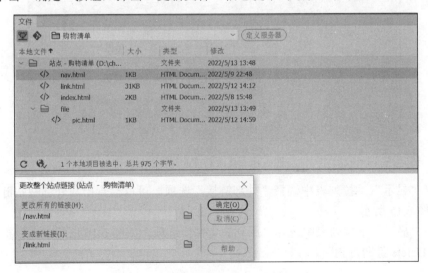

图 6.12 "更改整个站点链接"对话框

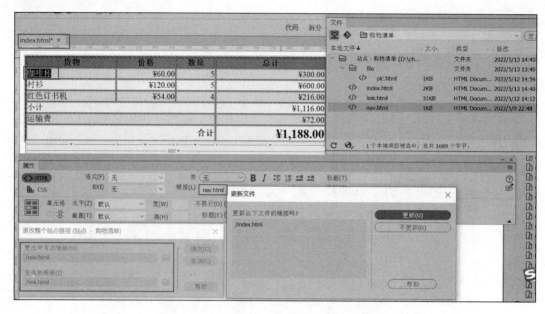

图 6.13 "更新文件"信息提示对话框

3）单击"更新"按钮，完成更改整个站点范围内的超链接。

三、检查站点中的超链接错误

检查站点中超链接错误的具体步骤如下。

1）选择"站点→检查站点范围的链接"命令，打开"链接检查器"面板，如图 6.14 所示，单击最右边的"浏览文件"按钮选择正确的文件，可以修改断掉的超链接。

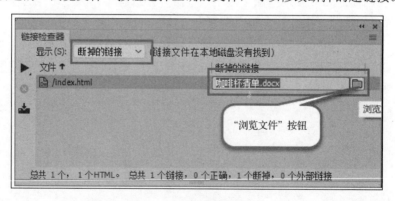

图 6.14 修改断掉的超链接

2）在"显示"下拉列表中选择"外部链接"选项，可以检查出与外部网站链接的全部信息，如图 6.15 所示。

3）在"显示"下拉列表中选择"孤立的文件"选项，如图 6.16 所示，可以检查出孤立文件，用 Delete 键即可删除。

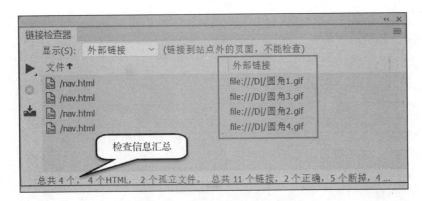

图 6.15　选择"外部链接"

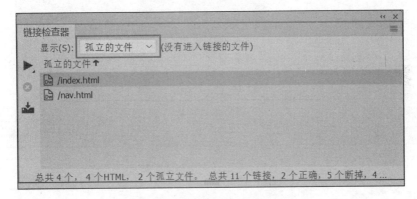

图 6.16　选择"孤立的文件"

项 目 引 导

制作"中国邮票"网站

■ 项目概述

制作一个集邮网站。通过网站的制作，进一步掌握网站的建立及整体布局，重点掌握图像作为导航元素，如何实现超链接，即完成不同页面之间的跳转，最后美化网站的首页，给人以美的体验。

扫码学习

制作"中国邮票"网站

■ 项目实施

1. 创建站点根目录

在 D 盘创建本地站点，站点名称为"中国邮票"，本地站点文件夹为"D:\myproject6.1"，如图 6.17 所示，在站点根目录下创建 images 文件夹。

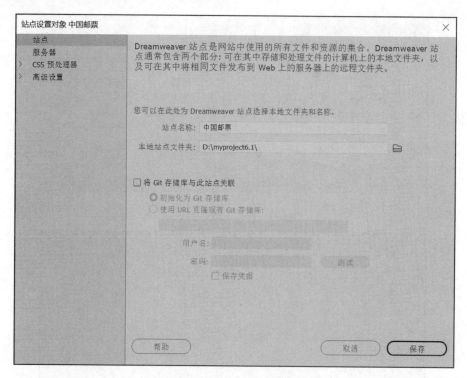

图 6.17 定义"中国邮票"站点

2. 创建首页文件

1）按 Ctrl+N 组合键，在打开的"新建文档"对话框中选择"新建文档→HTML→无"
选项，如图 6.18 所示，单击"创建"按钮，新建一个空白网页文件。

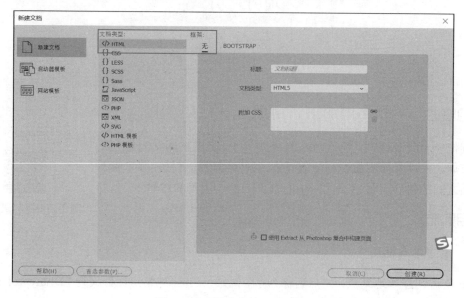

图 6.18 "新建文档"对话框

2）按 Ctrl+S 组合键，在打开的"另存为"对话框中将网页以 index.html 为文件名保存在站点根目录中，如图 6.19 所示。

3）在 index.html 网页中插入一个 2 行 1 列的表格，设置"表格宽度"为 800 像素，"边框粗细设"为 0，如图 6.20 所示。

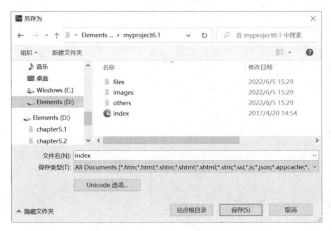
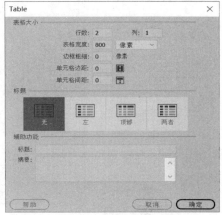

图 6.19 "另存为"对话框　　　　　　　　图 6.20 "Table"对话框

4）选中表格的第一行，选择"插入→图像"命令，在打开的"选择图像源文件"对话框中选择图像 1-1.gif，插入到表格第一行中，作为网站主题，如图 6.21 所示。

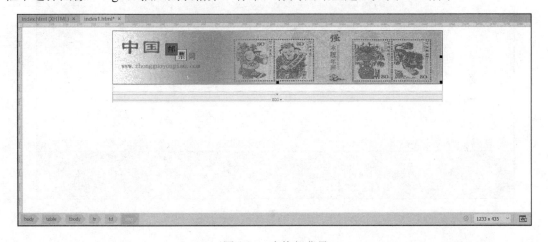

图 6.21 表格行背景

5）将光标定位到第二行的单元格中，选择"插入→表格"命令，插入一个嵌套表格，表格的设置如图 6.22 所示。

6）为嵌套表格设置背景颜色并在单元格中分别插入图像，居中显示，图像文件在 images 文件夹中，效果如图 6.23 所示。

3. 创建超链接

1）选中嵌套表格中第一个单元格内的"首页"图像，在"属性"面板中的"链接"文本框中输入"index.html"。

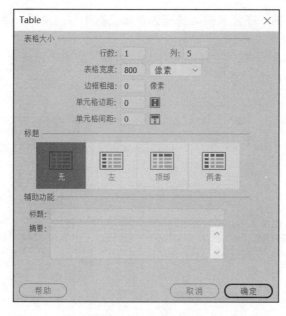

图 6.22 表格的设置

图 6.23 插入导航按钮后的效果

2）选中第二个单元格中的"邮票欣赏"图像，在"属性"面板中的"链接"文本框中输入"files/ypxs.html"建立超链接，如图 6.24 所示。

> **提示**
>
> "邮票欣赏"文件 ypxs.html、"新闻与评论"文件 xwpl.html、"清代邮票"文件 qdyp.html 网页已完成，直接链接即可。

图 6.24 创建图像超链接

3）用同样的方法分别选中"新闻与评论""清代邮票"图像，并创建超链接。

4）为"留言簿"创建电子邮件超链接。选中"留言簿"图像，在"属性"面板中的"链接"文本框中输入"mailto:zdyyjsxx@163.com"，如图 6.25 所示。

图 6.25 创建电子邮件超链接

4. 主体布局

在首页文件中的导航栏下插入一个 1 行 2 列的表格，设置表格居中，并且拆分左侧单元格为 2 行 1 列。

5. 内容输入

在左上侧单元格内插入图像 keep.jpg，在右侧、左下侧插入文字内容，完成后的效果如图 6.26 所示。

图 6.26　最终效果

6. 文件布局

整个网站设计完成后的站点文件布局如图 6.27 所示。

图 6.27　站点文件布局

项 目 实 训

制作"非遗传承"网站

■实训目的

1）进一步掌握站点的创建方法。

2）掌握在网页中创建文本超链接的方法。

3）掌握在网页中创建锚点超链接的方法。

扫码学习

制作"非遗传承"网站

■实训提示

1）建立站点根目录。将资源文件夹 myproject6.2 复制到 D 盘，新建站点名称为"非遗传承"，设置如图 6.28 所示。

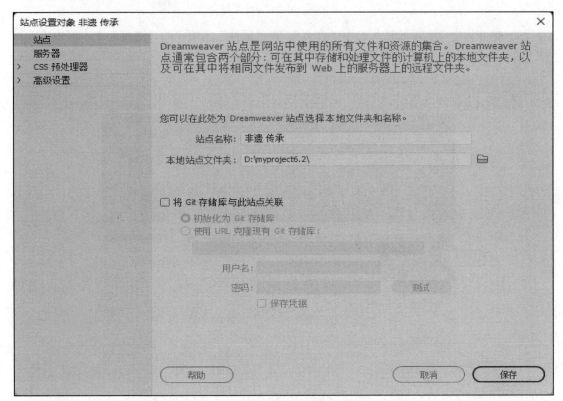

图 6.28 站点定义

2）在"文件"面板中，打开 index.html，如图 6.29 所示。

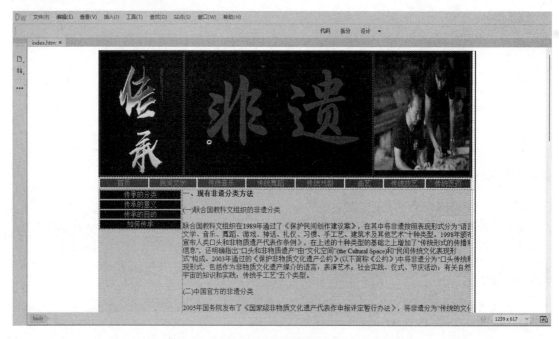

图 6.29　index.html 文件

3）将光标定位到导航栏，选中"首页"，在"属性"面板中的"链接"文本框中输入目标文件 index.html，如图 6.30 所示。

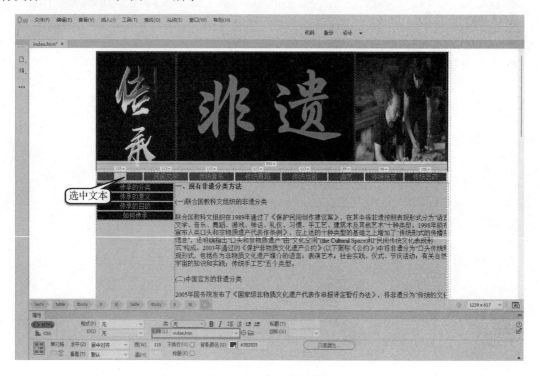

图 6.30　创建文本超链接

提示

重复上述操作，可自行创建"民间文学""传统音乐""传统舞蹈""传统戏剧"等网页文件，然后建立导航文本超链接。

4）将光标定位到"一、现有非遗分类方法"前，在"拆"分视图代码区域插入<a>标签。选中<a>标签在"命名锚记"属性面板名称文本框中输入"fenlei"，如图 6.31 所示。

图 6.31　"命名锚记"属性面板

5）单击页面，插入命名锚记分类，如图 6.32 所示。

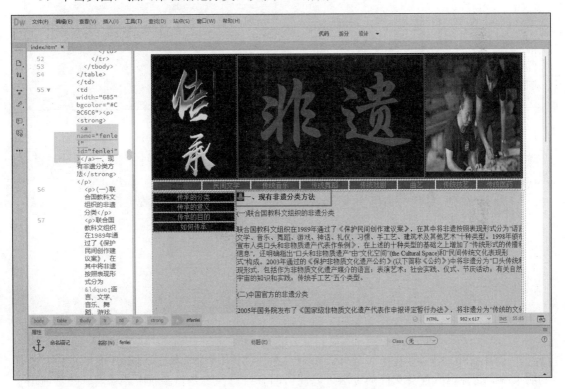

图 6.32　插入命名锚记分类

6）选择左侧导航部分的"传承的分类"文本，在"属性"面板中的"链接"文本框中输入"#fenlei"，如图 6.33 所示。

注意

"链接"文本框中输入的"#fenlei"，就是步骤 4）中创建的锚记名称，前后要一致，否则会出错。"#"表示页内超链接符号，不能省略。

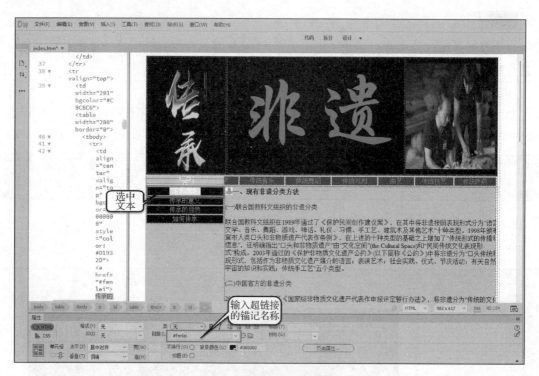

图 6.33　设置锚记超链接

7）重复上述步骤，分别创建"传承的意义""传承的目的""如何传承"的锚记超链接，最终完成页内导航超链接。

8）保存文件，在浏览器中单击"传承的分类"文本，测试锚记超链接效果。

项 目 拓 展

特殊的超链接

一个图、文、声三者并茂的网页更加引人入胜，利用音频超链接可以方便地将声音添加到网页中。这种集成声音文件的方法可以使访问者自己决定是否要收听该声音，并且适用于所有的网络访问用户。

打开要添加音频文件的网页，选中用于超链接的文字，单击"属性"面板中"链接"文本框后面的"浏览文件"按钮，在打开的"选择文件"对话框中，选择一个音频文件即可。

项 目 小 结

本项目讲解了超链接的使用，重点讲解了文本超链接、图像超链接、电子邮件超链接、下载超链接、热点超链接、锚记超链接的使用，并且通过具体的实例来剖析讲解，同时强调了如何管理超链接。通过本项目的学习，要能熟练掌握各种超链接的使用，实现不同页面之间的跳转，并能掌握超链接更新、管理的技能。

思考与练习

一、选择题

1. 在 Dreamweaver CC 2019 中创建锚记超链接，在锚记名称前必须加（ ）符号。
  A．#   B．*   C．?   D．@

2. 要在一个新的窗口中打开超链接，可以在"属性"面板中的"目标"下拉列表中选择（ ）。
  A．_blank   B．_parent   C．_self   D．_top

3. 选项中属于绝对路径的是（ ）。
  A．address.htm   B．staff/telephone.htm
  C．http://www.sohu.com/index.htm   D．/xuesheng/chengji/mingci.htm

4. 在"Hyperlink"对话框中，（ ）是必选项。
  A．文本   B．目标   C．标题   D．访问键

5. 超链接的基本语法是（ ）。
  A．<a goto="URL"> … </a>   B．<a herf="URL"> … </a>
  C．<a link="URL"> … </a>   D．<a href="URL"> … </a>

二、简答题

1. 超链接的类型有哪些？

2. "属性"面板中的"目标"下拉列表中有哪几项目标对象打开的方式？各项的含义是什么？

三、操作题

1. 在网页中输入"我的电子邮箱"并将其链接到自己的邮箱地址（提示：用两种方法创建：一是通过菜单栏；二是通过"属性"面板中的"mailto:"）。

2. 上网搜集关于"传统音乐""传统戏曲""曲艺"等相关文章，将内容完善到项目实训"非遗网站"的对应页面中，并在每个页面建立一个"传承"的锚记超链接。

项目七

网页高级布局

　　AP Div 是网页中的一个区域，在一个网页中可以同时存在多个 AP Div，我们可以使用 AP Div 轻松地进行网页的页面控制。框架的作用就是把浏览器窗口划分为若干个区域，每个区域可以分别显示不同的网页，AP Div 和框架在网页的高级布局中都有着很重要的作用。AP Div 在网页设计、制作过程中和表格具有相同的功能，并且 AP Div 在设置网页布局中具有表格所不能比拟的可移动性优势，比较适合初学者使用；框架对于制作风格统一的网页和电子图书有很大的帮助。

项目一体化目标

◆　了解网页布局的原则；
◆　掌握运用 AP Div 布局网页的方法；
◆　了解使用 IFrame 布局的方法；
◆　灵活运用 AP Div 与"行为"面板制作动态导航菜单；
◆　培养细心严谨的职业岗位能力。

任务一 认识网页布局

网页布局是网页设计的重要一环。要做好网页布局，首先要理清网页布局的基本步骤，其次要掌握网页布局的基本原则，尤其是布局整体造型，直接决定了网站的整体风格。根据网站内容，选取布局整体造型，是网站设计必须把握的重要布局原则。

一、网页布局的基本步骤

网页布局的基本步骤如下。

1）构思并且设计多个草图进行粗略布局。设计版面的最好方法是先用笔在白纸上将构思的草图勾勒下来，页面结构草图不要太详细，不必考虑版面细节，只需要画出页面的大体结构即可，可以设计多个样本，选定一个最满意的作为继续创作的样本。

2）将粗略布局精细化、具体化。进行版面布局细化和调整，把一些主要内容放到网页中。例如，为突出重点，首先将网站标志、广告栏、导航栏放置在最突出、最醒目的位置，然后再考虑其他元素的放置。在将各主要元素确定好之后，就可以开始设计文字、图像、表格等页面元素的排版布局。可以利用网页编辑工具把草图做成一个简略的网页，便于观察总体效果，然后对不协调或不美观的地方进行调整。

3）进一步修改草图，确定最终页面版式方案。在反复细化和调整的网页布局基础上，选择一个比较完美的布局方案作为最后的页面版式。

二、网页布局的基本原则

一个合理的网页布局给人一种稳定的感觉，便于浏览者访问，从而吸引更多的人来浏览网站。设计网页布局应注意以下方面。

1. 页面尺寸

由于页面尺寸与显示器的大小和分辨率有关，一般可以设置页面显示的尺寸如下：640×480分辨率下的页面尺寸为620×311像素，800×600分辨率下的页面尺寸为780×428像素，1024×768分辨率下的页面尺寸为1007×600像素。在实际的网页设计过程中，可以根据页面的风格和实际需要对网页的页面尺寸进行修改，但注意尽量不要让被访问的页面超过3屏，以免引起访问者产生不耐烦情绪。如果需要在同一页面显示超过3屏的内容，那么最好能设置页面内部链接，方便访问者浏览。

2. 网页布局整体造型

网页布局大致可分为"国"字型、拐角型、标题正文型、左右框架型、上下框架型、综合框架型、封面型、Flash型。下面分别加以介绍。

1）"国"字型：也可以称为"同"字型，即最上面是网页的标题及广告横幅，左右分列一些条状内容，中间是网站主要部分，最下面是网站的一些基本信息、联系方式、版权声明等，如图7.1所示。这种布局以其结构清晰、主次分明的特点而得到广泛应用。

图7.1 "国"字型网页

2）拐角型：又叫"厂"字型，这种结构与"国"字型结构相比其实只是形式上的区别。网页上方是标题及广告横幅，左侧是一窄列链接等，右侧是很宽的网页主要内容，下方是一些网站的辅助信息，如图7.2所示。这种类型的网页结构相对"国"字型网页更显活泼。

图7.2 拐角型网页

3）标题正文型：网页最上面是标题或类似的一些内容，下面是正文。绝大多数的搜索引擎站点都采用这种类型，如图 7.3 所示。

图 7.3 标题正文型网页

4）左右框架型：这是一种左右分为两页的框架结构，一般左侧是导航链接，有时最上面会有一个小的标题或标志，右侧是正文。大部分的大型论坛都是这种结构的，有一些企业网站也喜欢采用这种结构。这种结构非常清晰，一目了然，如图 7.4 所示。

图 7.4 左右框架型网页

5）上下框架型：与左右框架型类似，区别仅仅在于是一种上下分为两页的框架。

6）综合框架型：左右框架型和上下框架型结构的结合，是一种相对复杂的框架结构。

7）封面型：这种类型基本上出现在一些网站的首页，页面布局形式更接近于平面设计艺术，大部分为一些精美的平面设计作品结合一些小的动画，放上几个简单的链接或仅是一个"进入"的链接，甚至直接在首页的图像上做链接而没有任何提示。如果处理得好，这种类型会给人带来赏心悦目的感觉，如图 7.5 所示。

8）Flash 型：与封面型结构类似，只是这种类型采用了 Flash。由于 Flash 强大的功能，其页面所表达的信息更丰富，往往能够给浏览者以极大的视觉冲击。这种网页比较受年轻人欢迎，如图 7.6 所示。

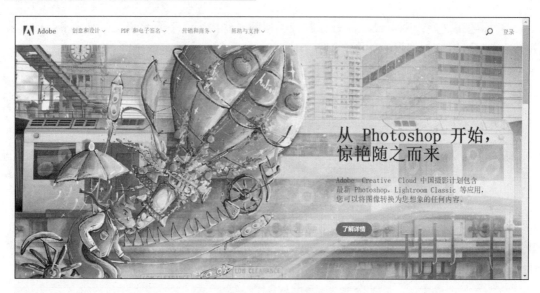

图 7.5　封面型网页

图 7.6　Flash 型网页

任务二　运用 AP Div 布局网页

　　Div（Division，划分）是层叠样式表中的定位技术，Div 元素是用来为 HTML 文档内大块的内容提供结构和背景的元素，前文已有应用示例。AP 是绝对定位元素，AP Div 是采用了绝对定位的标签，本质上还是一个 Div。AP Div 布局具有更灵活的特点，它既可以用来定位网页中的各个元素，将元素放置在页面的任意位置。在一个网页中可以有多个 AP Div 存在，能够实现多个图层的重叠，或者决定每个图层是否可见，轻松实现各种动态效果。掌握了 AP Div 也就掌握了 Div 绝对定位，为日后学习 Div+CSS 布局打下基础。

一、创建 AP Div

在 Dreamweaver CC 2019 中，可以通过创建"绝对定位"的 Div 标签的方式创建 AP Div，具体方法如下。

1）选择"插入→Div"命令，在弹出的对话框中单击"确定"，如图 7.7 所示。创建的 Div 标签如图 7.8 所示。

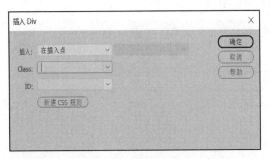

图 7.7 使用菜单插入 Div

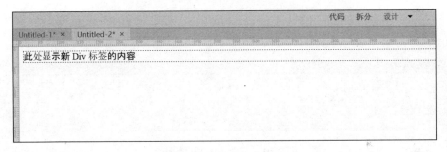

图 7.8 创建 Div 标签

2）在"拆分"视图下找到 Div 标签，设置属性 style="position: absolute"，并按下 F5 键刷新。此时就得到了可以随意拖动的 AP Div，如图 7.9 所示。

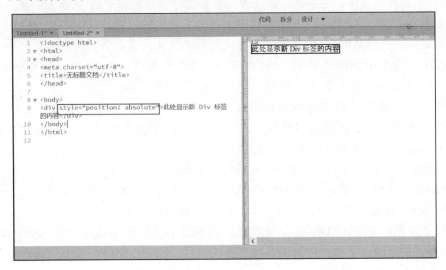

图 7.9 创建 AP Div

通过复制、粘贴快捷键，可复制出多个 AP Div。选择 AP Div 边框，当光标变为"✤"时可随意移动位置；当光标放在调整按钮位置时出现"⇕"可调整大小。

二、设置 AP Div 的属性

当创建好 AP Div 之后，可以先单击 AP Div 的边线来选中它，然后在"属性"面板中查看 AP Div 的属性，如图 7.10 所示。

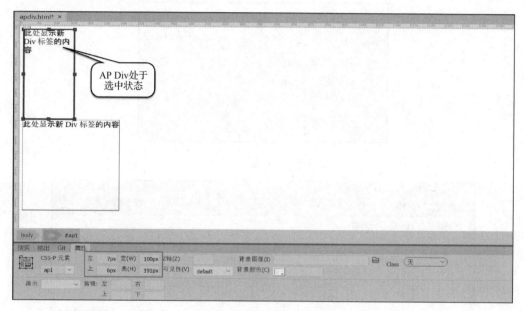

图 7.10　查看 AP Div 的属性

AP Div 具体有如下属性。

1）CSS-P 元素：用于指定一个名称，可以为其输入一个名称，要求只能使用标准的字母、数字，不要使用空格、连字符、斜杠或句号等特殊字符。每个 AP Div 都有唯一的名称。

2）左和上：指定 AP Div 的左上角相对于页面左上角的位置。

3）宽和高：指定 AP Div 的宽度和高度。其单位默认为像素。

4）Z 轴：确定 AP Div 的 Z 轴（堆叠）顺序，编号较大的 AP Div 出现在编号较小的 AP Div 的前面。可以通过设置 Z 轴方便地改变 AP Div 的堆叠顺序。

5）可见性：指定该 AP Div 最初是否可见。

① default（默认）：不指定可见性属性，当未指定可见性属性时，在大多数浏览器中，该 AP Div 会继承其父级 AP Div 的可见性属性。

② inherit（继承）：使用该 AP Div 父级的可见性属性。

③ visible（可见）：显示这些 AP Div 的内容，而不管父级的值是什么。

④ hidden（隐藏）：隐藏这些 AP Div 的内容，而不管父级的值是什么。

6）背景图像：指定 AP Div 的背景图像。单击选项右边的"浏览文件"按钮，浏览并选择一个图像文件，或在文本框中输入图像文件的路径。

7）背景颜色：指定 AP Div 的背景颜色。此选项为空的时候指定为透明背景。

8）溢出：控制当 AP Div 的内容超过 AP Div 的指定大小时如何在浏览器中显示 AP Div。

① visible（可见）：设置浏览器中的 AP Div 通过延伸来显示多余的内容。

② hidden（隐藏）：设置浏览器中的 AP Div 不显示超过其边界的内容。

③ scroll（滚动）：设置浏览器中的 AP Div 显示滚动条，而不管是否需要滚动条。

④ auto（自动）：设置浏览器仅当 AP Div 的内容超过其边界时才显示 AP Div 的滚动条。

提示

与表格单元格不同，Div 标签可以出现在网页上的任何位置，可以用绝对方式或相对方式来定位 Div 标签，可以手动添加 Div 标签并设置 CSS 样式来创建页面布局。

任务三 运用 IFrame 布局网页

IFrame 是 HTML 标签。IFrame 标签也叫浮动框架标签，是框架的一种，可以嵌套在页面的任一位置，可以将指定页面调到放 IFrame 的位置。IFrame 在界面嵌套中使用，方便页面分割、处理。

一、创建 IFrame 框架的基本操作

使用 Dreamweaver CC 2019 创建 IFrame 框架的方法步骤如下。

1）选择"插入→HTML→IFRAME"命令，"代码"视图中出现<iframe></iframe>标签，如图 7.11 和图 7.12 所示。

扫码学习

IFrame 框架
的基本操作

图 7.11 创建 IFrame 框架

```
 1    <!doctype html>
 2 ▼  <html>
 3 ▼  <head>
 4    <meta charset="utf-8">
 5    <title>无标题文档</title>
 6    </head>
 7
 8 ▼  <body>
 9        <iframe> </iframe>
10    </body>
11    </html>
12
```

图 7.12 IFrame 标签

2）在"拆分"视图下被选中的 IFrame 框架，如图 7.13 所示。

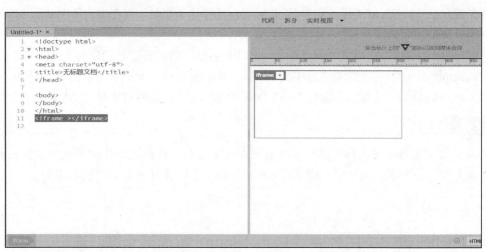

图 7.13　IFrame 框架在视图中被选中

二、IFrame 框架的基本属性

在<iframe>标签里面输入空格，就会出现可以设置的框架属性，如图 7.14 所示。

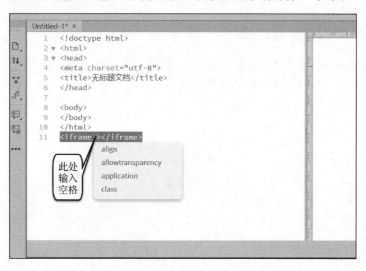

图 7.14　IFrame 属性

Dreamweaver CC 2019 中，IFrame 只能在代码视图中编写其属性、方法。IFrame 的常用属性如下。

1）name：规定<iframe>的名称。

2）width：规定<iframe>的宽度。

3）height：规定<iframe>的高度。

4）src：规定在<iframe>中显示的文档的 URL。

5）align：规定如何根据周围的元素来对齐（参数有 left、right、top、middle、bottom）。

6）scrolling：规定是否在<iframe>中显示滚动条（参数有 yes、no、auto）。

7）frameborder：规定是否显示<iframe>周围的边框（0 为无边框，1 位有边框）。

8）marginwidth：规定<iframe>的文本的左右页边距。

9）marginheight：规定<iframe>的文本的上下页边距。

10）Sandbox：用于限制 iframe 的跨域行为。

11）style：规定<iframe>的文档的样式（如设置文档背景等）。

12）allowtransparency：规定<iframe>是否允许透明，值有 true 和 false，默认为 false。

三、IFrame 框架的优缺点

1. IFrame 的优点

IFrame 能够原封不动地把嵌入的网页展现出来。如果有多个网页引用 IFrame，只需要修改 IFrame 的内容，就可以实现调用的每一个页面内容的更改，十分方便快捷。网页如果为了统一风格，希望头部和版本风格一致，这时就可以写成一个页面，用 IFrame 来嵌套，可以增加代码的可重用性。

2. IFrame 的缺点

IFrame 中会阻塞主页面的的 onload 加载事件，使用过多会增加服务器的 HTTP 网络请求；搜索引擎的检索程序无法很好地解读这种页面，不利于搜索引擎优化；页面样式调试麻烦，出现多个滚动条，产生多个页面，不易管理、开发；IFRAME 和主页面共享链接池，而浏览器对相同域的链接有限制，所以会影响页面的并行加载。

鉴于 IFrame 框架所具有的优缺点，在前端开发过程中，一般较少使用 IFrame 框架。

项 目 实 训

制作"美食街"网站

▌实训目的

1）掌握制作 AP Div 隐现效果的方法。

2）掌握利用"动作"制作动态导航菜单的方法。

3）参考本实训提示，进一步创新，制作各种网页动态菜单。

扫码学习

制作"美食街"网站

▌实训提示

1）在 D 盘建立站点目录 myproject7.2 及子目录 images 和 flash，站点名称为"美食街网站"，如图 7.15 所示。

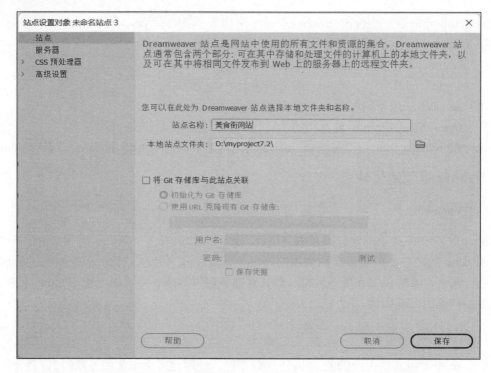

图 7.15　站点定义

2）在 Dreamweaver CC 2019 中打开原始素材文件 index.html，如图 7.16 所示。

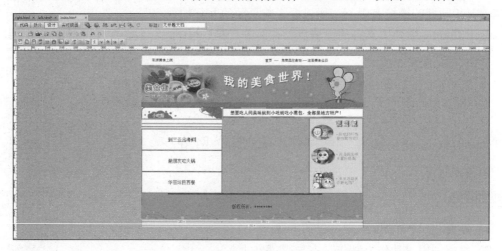

图 7.16　原始网页

3）在页面中插入 AP Div。在正文的空白位置处单击，出现插入光标，选择"插入→Div"命令，在文档中插入一个 Div。选择"窗口→CCS 设计器"命令，打开 CCS 设计器面板，添加选择器为 apDiv1，设置属性分别为 width:200px;height:115px;zindex:4;position:absolute; 同样方法，分别添加选择器 ap Div2、ap Div3，在表格空白处分别插入 ap Div1、ap Div2、apDiv3，如图 7.17 所示。

图 7.17 插入三个 AP Div

4）在对象中添加"行为"。选中左侧导航栏中的第一行文字"到三亚品海鲜"，选择"窗口→行为"命令，在打开的"行为"面板中单击 ＋ 按钮，在弹出的下拉列表中选择"显示-隐藏元素"选项，如图 7.18 所示。注意，新建 div 时，一定要输入 ID，否则"显示-隐藏元素"不可选中。

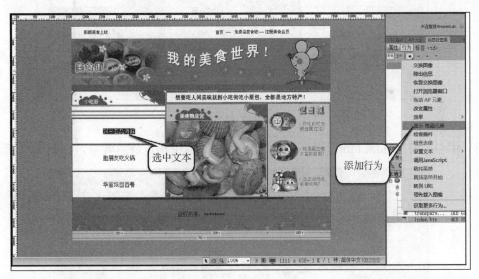

图 7.18 添加"显示-隐藏元素"行为

在打开的"显示-隐藏元素"对话框中，选择"apDiv1"后单击"显示"按钮，再分别选择"apDiv2""apDiv3"，均选择"隐藏"选项，并单击"确定"按钮，如图 7.19 所示。

5）设置对象的"行为"触发事件。单击"行为"面板中的"显示设置事件"下拉按钮，在弹出的下拉列表中选择"onMouseOver"事件，如图 7.20 所示。

6）为其他对象添加行为。重复步骤 4）和步骤 5），依次选中导航栏的第二行"邀朋友吃火锅"和第三行"华丽炫目西餐"，分别设置 apDiv2、apDiv3 为"显示"状态，同时设置其他 apDiv 为"隐藏"状态。设置对象的"行为"触发事件为"onMouseOver"。

133

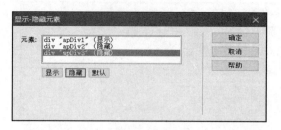 

图 7.19 "显示-隐藏元素"对话框 　　　　图 7.20 选择"onMouseOver"事件

7）设置和填充 AP Div。在设计视图中单击 apDiv1，使 apDiv1 处于选中状态，在 apDiv1 内部单击，插入光标，选择"插入→图像"命令，在 apDiv1 内部插入图像"haixian.jpg"，如图 7.21 所示。采用同样的方法，分别在 apDiv2 和 apDiv3 中插入图像"huoguo.jpg"和"xican.jpg"。

图 7.21 设置和填充 AP Div

8）保存当前"index.htm"网页。在 Firefox 浏览器中预览最后效果，如图 7.22 所示。

图 7.22 预览效果

项 目 拓 展

Div 布局网页

Div 与其他的 HTML 标签一样，是一个 HTML 所支持的标签。例如，当网页使用<p></p>结构时，Div 在使用时也同样以<div></div>的形式出现。

Div 是块级元素，用来为 HTML 文档内大块的内容提供结构和背景的元素。<div>和</div>之间的所有内容都是用来构成这个块的，其中所包含元素的特性由<div>标签的属性来控制，或者通过使用样式表格式化这个块来进行控制。<div>标签称为区隔标记，其作用是设定文本、图像等的摆放位置。

Div 元素可以将文档分割为多个有意义的区块，因此，使用 Div 元素可以实现网页的总体布局，尽管网页布局方式千变万化，没有定规，但使用 Div 还是首选。下面代码就是使用 Div 结构的网页。

```
<div>          <!-- 页眉区域 -->
    <div>…</div> <!-- Logo -->
    <div>…</div> <!-- 导航 -->
    …
</div>
<div>          <!-- 主体区域 -->
    <div>…</div> <!-- 模块 1 -->
    <div>…</div> <!-- 模块 2 -->
    …
</div>
<div>          <!-- 页脚区域 -->
    …
</div>
```

以上代码使用三个 Div 元素分割了三大区域，这些区域分别是页眉区域、主体区域和页脚区域，然后对页眉区域、主体区域和页脚区域进行细分，又分为几个小 Div 区块，通过使用 Div 可以把一个网页分为很多个功能模块。

在使用 Div 元素时，同其他 HTML 元素一样，可以加入属性，如 id、class、alight（对齐）、style（行间样式表）等，但为了实现内容与表现形式分离，不再将 alight 属性、style 属性编写在页面的 div 标签中，因此 div 代码值可能拥有以下两种形式。

形式 1：

```
<div id="id名称">…</div>
```

形式 2：

```
<div class="class 名称">…</div>
```

传统网页布局采用 table 元素方式，现在采用 CSS+Div 进行网页重构，主要有如下显著优势。

1. 表现形式和内容相分离

将设计部分剥离出来放在一个独立样式文件中，HTML 文件中只存放文本信息，HTML 文件代码大量精简。

2. 提高搜索引擎对网页的索引效率

用只包含结构化内容的 HTML 代替嵌套的标签，搜索引擎将更有效地搜索到网页内容，并可能给网站一个较高的评价。

3. 提高页面浏览速度

CSS+Div 布局较表格布局减少了页面代码，加载速度得到很大的提高，这在网络"爬虫"爬行时是非常有利的。过多的页面代码可能造成爬行超时，网络"爬虫"就会认为这个页面无法访问，影响收录及权重。另外，真正的网站优化不只是为了追求收录、排名，快速的响应速度是提高用户体验度的基础，这对整个搜索引擎优化及营销都是非常有利的。

4. 易于维护和改版

只要简单地修改几个 CSS 文件就可以重新设计整个网站的页面。

项 目 小 结

AP Div 是一种非常灵活的网页元素定位技术，除了需要了解 AP Div 的使用方法，还可以结合控制 AP Div 的前后顺序制作各种隐现效果，尽量拓展知识范围。框架除了可以实现独立的导航部分外，在一个网页中还可以使用"框架"的嵌套实现网页设计中的多种需求，需要在学习中多加练习。

思考与练习

一、选择题

1. 选择一个 AP Div，下面可行的操作是（   ）。

  A．在"AP 元素"面板中单击该 AP Div 的名称

  B．单击一个 AP Div 的选择柄，如果选择柄不可见，可在该层中的任意位置单击以显示该选项柄

C．单击一个 AP Div 的边框

D．按 Shift+Tab 组合键可选择一个 AP Div

2．下列（　　　）元素不能插入 AP Div 中。

A．AP Div   B．框架

C．表格   D．表单及各种表单对象

3．以下不属于 IFrame 属性的是（　　　）。

A．aligh   B．Height   C．Onload   D．Width

4．在 Dreamweaver CC 2019 中，要创建预定义 IFrame 框架，应执行（　　　）菜单中的命令。

A．查看   B．插入   C．修改   D．命令

二、简答题

1．简述 AP Div 的概念。

2．简述框架的作用。

3．简述 AP Div 在网页设计和制作中的作用。

三、操作题

制作一个"上方及左侧嵌套"框架结构的网页，利用 AP Div 和行为的结合，完成一个动态导航栏的创建。

项目八

CSS 样式表的运用

　　CSS（cascading style sheet，层叠样式表）在网页设计中具有方便、快捷、应用范围广等特点，是设计动态网页不可或缺的技术。Dreamweaver CC 2019 提供了对 CSS 设计工具的强大支撑，用户可直观地、更有效地编写程序代码。掌握了 CSS 样式表的制作方法，设计网页时等于拥有了一件利器。

▌项目一体化目标

◆　了解 CSS 的基本概念和 CSS 设计器；
◆　掌握 CSS 的创建、使用和编辑方法；
◆　掌握特定标签样式的制作方法；
◆　在实际项目中灵活运用 CSS 样式表；
◆　增强历史文化认知和地理文化认知，培养铭记历史、热爱祖国大好山河的情怀。

任务一　认识 CSS 样式表

CSS 是一种用来表现 HTML 或 XML 等文件样式的计算机语言。CSS 不仅可以静态地修饰网页，还可以配合各种脚本语言动态地对网页各元素进行格式化。本节主要介绍 CSS 样式的概念、语法，内联样式、内部样式和外部样式的不同应用环境，以及 CSS 设计器面板的主要功能。

一、CSS 样式的基本概念

在 HTML 文档中常利用 CSS 格式化网页。CSS 扩展了 HTML 的功能，网页中的文本段落、图像、颜色、边框等可通过设定样式表的属性轻松地完成。而早期在 HTML 文档中直接设定元素属性，复杂而又不易维护，效率很低。Dreamweaver 提供可视化设定样式表功能，高效快速，不仅将样式内容从文档中脱离出来，而且可以作为独立文件供 HTML 调用。在一个网站中，使用统一样式，保证了网站风格的一致性。CSS 更大的优点在于提供方便的更新功能，CSS 更新后，网站内所有的文档格式都自动更新为新的样式。

二、CSS 样式表的语法

CSS 样式表的语法规则由两个主要的部分构成：选择器，以及一条或多条声明。格式如下。

```
selector {declaration1; declaration2; …declarationN }
```

选择器（selector）通常是需要改变样式的 HTML 元素；每条声明（declaration）由一个属性和一个值组成。

属性（property）是希望设置的样式属性（style attribute）。每个属性有一个值（value）。属性和值用冒号分开。格式如下。

```
selector {property: value}
```

例如：

```
h1 {color:red; font-size:14px;}
```

这行代码的作用是将 h1 元素内的文字颜色定义为红色，同时将字体大小设置为 14 像素。在这个例子中，h1 是选择器，color 和 font-size 是属性，red 和 14px 是值，"属性:值"组成一条声明。图 8.1 展示了上面这段代码的结构。

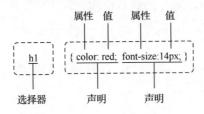

图 8.1　CSS 样式基本格式

1）使用花括号来包围声明。

2）如果要定义不止一个声明，则需要用分号将每个声明分开。最后一条规则是不需要加分号的，因为分号在英语中是一个分隔符号，不是结束符号。然而，大多数有经验的设计师会在每条声明的末尾都加上分号，这么做的好处是，当你从现有的规则中增减声明时，会尽可能地减少出错的可能性。

由于 CSS 忽略空格（选择器内部除外），可以将上面的代码改成如下格式。

```
h1{
    color:red;
    font-size:14px;
}
```

以上格式适用两行以上代码，既便于阅读，又容易维护。

三、CSS 样式表的分类

CSS 按其位置可以分为三类：内联样式表（inline style sheet）、内部样式表（internal style sheet）、外部样式表（external style sheet）。

1. 内联样式表

内联样式表是写在标签里面的，它只针对自己所在的标签起作用。格式如下。

```
<html>
<head>
<title>内联样式表测试</title>
</head>
<body>
<p style="font-size:14px;color:red;">标题文字是 14 像素红色字体.</p>
</body>
</html>
```

<p style="font-size:14px;color:red;">这个样式定义段落中的字体是 14 像素的红色字，内联样式表仅仅是 HTML 标签对于 style 属性的支持所产生的一种 CSS 样式表的编写方式，能够实现页面中个别元素的某个特殊效果，优先级在三种样式表中最高，但是不符合页面内容与表现分离的设计原则，建议尽量少用这种样式。

2. 内部样式表

内部样式表是写在<head></head>里面的，它只对所在的 HTML 页面有效，不能跨页面使用。格式如下。

```
<html>
<head>
<title>内部样式表测试</title>
<style type="text/css">
<!--
h1{
font-size:16px;
color:red;
text-align:center;}
-->
</style>
</head>
<body>
<h1>标题文字是 16 像素红色居中字体.</h1>
</body>
</html>
```

内部样式表用到 style 标签，表现格式如下。

```
<style type="text/css">
<!--
...
-->
</style>
```

内部样式表如果仅为一个页面定义 CSS 样式，比较高效，也易于管理。但是在一个网站或多个页面之间引用时，使用这种方法会产生冗余代码，不建议使用，况且一页一页地管理样式也是不经济的。

3. 外部样式表

如果需要制作很多网页，而且页面结构十分复杂，并且多个页面中要利用重复的样式，那么把 CSS 放在网页中不是一个好方法。

可以把所有的样式存放在一个以“.css”为扩展名的文件里，然后将这个 CSS 文件链接到各个网页中。

例如，制作了一个首页，把它的样式表文件命名为 index.css。方法是将下面的 CSS 代码复制到记事本中保存，然后将文本文档的扩展名“.txt”修改为“.css”即可。

```
h1{
  font-size:16px;
  color:red;
  text-align:center;
}
```

在新建的网页中编写如下代码。

```
<html>
<head>
<title>外部样式表</title>
<link href="index.css" rel="stylesheet" type="text/css">
</head>
<body>
<h1>标题文字是 16 像素红色居中字体.</h1>
<h1>这个标题无样式.</h1>
</body>
</html>
```

外部样式表是目前网页制作最常用、最易用的方式，其优点如下。

1）多个样式可以重复利用。

2）多个网页可共用同一个 CSS 文件。

3）修改、维护简单，只需要修改一个 CSS 文件就可更改所有地方的样式，不需要修改页面代码。

4）减少页面代码，提高网页加载速度，CSS 驻留在缓存里，在打开同一个网站时由于已经提前加载则不需要再次加载。

5）适合所有浏览器，兼容性好。

四、认识 CSS 设计器

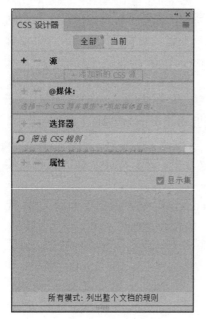

图 8.2 "CSS 设计器"面板

"CSS 设计器"是 Dreamweaver CC 中新增的功能，它提供了一种以更加可视化的方式创建和编辑 CSS 样式，并进行查错的新方法。选择"窗口→CSS 设计器"命令或按 Shift+F11 组合键，可以打开"CSS 设计器"面板，如图 8.2 所示。

"CSS 设计器"面板由以下窗格组成。

（1）"源"窗格

该窗格列出与文档相关的所有 CSS 样式，并可以添加和删除 CSS 源。

1）添加 CSS 源按钮 ✚：单击该按钮可以弹出如图 8.3 所示的列表。在该列表中包含"创建新的 CSS 文件""附加现有的 CSS 文件""在页面中定义"三个选项。

①"创建新的 CSS 文件"：需要创建外部样式表时选择该项。

②"附加现有的 CSS 文件"：需要将外部 CSS 样式文件附加到本页面时选择该项。

③"在页面中定义"：若要在当前页面嵌入样式选择该项。

2）"删除 CSS 源"按钮 ▬：单击该按钮可以删除选中的
CSS 文件。

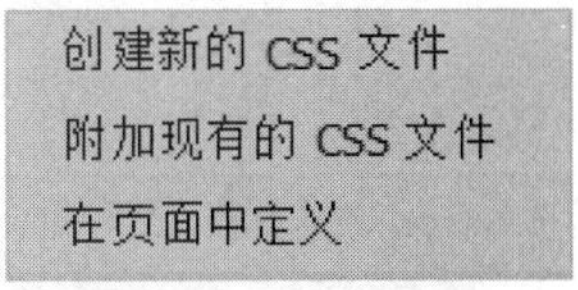

创建新的 CSS 文件
附加现有的 CSS 文件
在页面中定义

图 8.3　"添加 CSS 源"列表

（2）"@媒体"窗格

在该窗格中列出所选源中的全部媒体查询。若不选择特定的
CSS，则此窗格将显示与文档关联的所有媒体查询。

1）添加媒体查询按钮 ➕：选择一个 CSS 源并单击该按钮，
将打开"定义媒体查询"对话框，在对话框中可以定义需要使用的媒体查询，如图 8.4 所示。

2）删除媒体查询按钮 ▬：单击该按钮可以将选中的媒体查询删除。

（3）"选择器"窗格

该窗格列出所选源中的全部选择器。如果同时还选择了一个媒体查询，则此窗格会为该
媒体查询缩小选择器列表范围。如果没有选择 CSS 或媒体查询，则此窗格将显示文档中的
所有选择器。

1）添加选择器按钮 ➕：选择一个 CSS 样式，单击该按钮可以在"添加选择器"窗格
中输入选择器的名称，如图 8.5 所示。

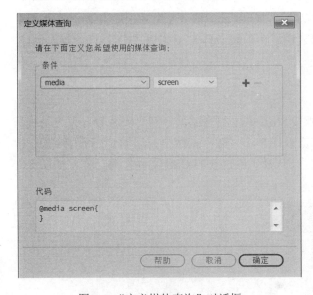

图 8.4　"定义媒体查询"对话框

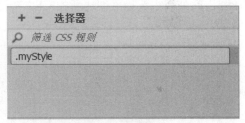

图 8.5　添加选择器

2）删除选择器按钮 ▬：单击该按钮可以将选中的选择器删除。

（4）"属性"窗格

该窗格可为指定的选择器设置的属性。

添加 CSS 属性按钮 ➕：选择一个选择器并单击该按钮可以为该选择器添加属性，取消
勾选"显示集"复选框可以显示预设好的属性如图 8.6 所示。单击预设属性按钮可以打开该
属性项目的设置窗口，进行具体的设置，如图 8.7 所示，单击"布局"按钮 ▦ 打开布局的
设置界面。若勾选"显示集"复选框，只显示已经设置的属性。在"CSS 设计器"面板中有
"全部"和"当前"两种选项卡，可以通过顶部切换按钮，切换两种模式，并可以在选项卡
中编辑属性。

"当前"模式：跟踪当前页面中的 CSS 规则和属性。

"全部"模式：跟踪文档可用的所有 CSS 规则和属性。

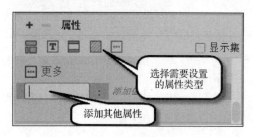

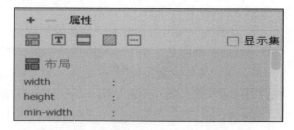

图 8.6　在属性窗格中"添加属性"　　　　图 8.7　在属性窗格中进行"布局"设置

任务二　创建 CSS 样式表

　　无论是内部样式还是外部样式表都可以利用"CSS 设计器"面板轻松地查看、创建、编辑和删除，并且可以将外部样式表附加到文档。本节将具体介绍利用"CSS 设计器"创建 CSS 样式的方法。

一、创建外部 CSS 样式表

　　1）选择"窗口→CSS 设计器"命令或按 Shift+F11 组合键，打开"CSS 设计器"面板。

　　2）在如图 8.2 所示的"CSS 设计器"面板中单击"源"窗格中的添加 CSS 源按钮 **+**，在弹出的列表中选择"创建新的 CSS 文件"，打开"创建新的 CSS 文件"对话框，如图 8.8 所示。

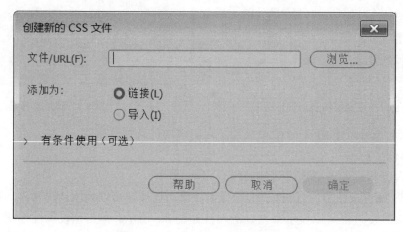

图 8.8　"创建新的 CSS 文件"对话框

　　3）单击右侧的"浏览"按钮，打开"将样式表文件另存为"对话框，如图 8.9 所示。输入样式表文件的名称、保存类型，设置保存目录，单击"保存"按钮，在"创建新的 CSS

文件"对话框中选择"链接"或"导入"，单击"保存"按钮，即可创建一个新的外部 CSS
样式表。此时，在"CSS 设计器"的"源"窗格中将列出所创建的 CSS 样式。

> **提示**
>
> CSS 样式的使用方式包括两种："链接"和"导入"。其中，"链接"方式可以在客户端浏览网页时，先将 CSS 样式加载到网页中，然后再编译显示。而"导入"方式则是先呈现 HTML 结构，再将 CSS 样式加载到网页中。二者的区别在于，当网速较慢的情况下，浏览器会首先显示没添加样式的网页。

4）在"CSS 设计器"面板的"选择器"窗格中单击添加选择器按钮 **+** ，在下方的文本框中输入".style"，按 Enter 键即可定义一个类选择器，如图 8.10 所示。

图 8.9　"将样式表文件另存为"对话框

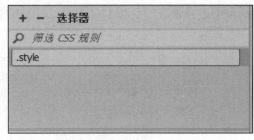

图 8.10　定义一个类选择器

5）在"CSS 设计器"面板的"属性"窗格中，取消勾选"显示集"复选框，可以为 CSS
样式表设置属性声明。

二、创建内部 CSS 样式表

若要在当前页面中创建内部 CSS 样式表，需要选择"窗口→CSS 设计器"命令或按
Shift+F11 组合键，打开"CSS 设计器"面板。在"添加 CSS 源"的下拉列表中选择"在页面中定义"选项，如图 8.11 所示。

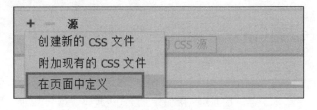

图 8.11　利用"源"窗格创建内部样式表

此时，在"源"窗格中自动创建一个名为<style>的项目，同时在页面的代码视图中将插入一行定义内部样式表的代码，如图 8.12 所示。

使用同样方法可添加 CSS 选择器和设置 CSS 属性。

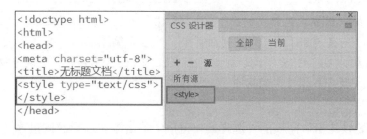

图 8.12　内部样式表代码

三、附加外部 CSS 样式表

附加外部 CSS 样式表可以将一个 CSS 样式表应用到多个页面中，其添加方法具体如下。

选择"窗口→CSS 设计器"命令或按 Shift+F11 组合键，打开"CSS 设计器"面板。在"添加 CSS 源"的下拉列表中选择"附加现有的 CSS 文件"，打开"使用现有的 CSS 文件"对话框，如图 8.13 所示。单击对话框中的"浏览"按钮，在弹出的"选择样式表文件"对话框中选择现有的 CSS 样式文件，单击"确定"按钮即可。

此时，附加的外部样式表文件将被附加到"CSS 设计器"面板的"源"窗格中，如图 8.14 所示。相应地，"代码"视图也会增加有关该 CSS 样式表的代码。

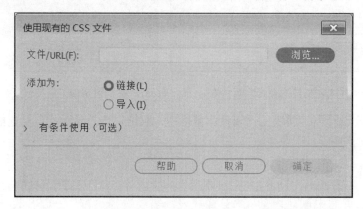

图 8.13　"使用现有的 CSS 文件"对话框

图 8.14　附加外部样式表代码

任务三　添加 CSS 选择器

CSS 选择器用于"查找"或选取要设置样式的 HTML 元素，使用户能够更加灵活地选择页面元素。CSS 选择器分为五类：基本选择器、组合器选择器、伪类选择器、伪元素选择器、属性选择器。在表 8.1 中列出了基本选择器中的五种，本节将详细介绍这五种选择器在 Dreamweaver CC 2019 中的添加方法，其他类型的选择器添加方法类似，读者可在实践中自行学习。

表 8.1　几种基本选择器

选择器	基本选择器类型	功能描述
*	通配选择器	选择文档中所有 HTML 元素
E	元素选择器	选择指定类型的 HTML 元素
#id	id 选择器	选择指定 ID 属性值为"id"的任意类型元素
.class	类选择器	选择指定 class 属性值为"class"的任意类型的任意多个元素
selector1,selectorN	分组选择器	合并每一个选择器匹配的元素集

一、通配选择器

通配选择器又称通配符选择器、通用选择器，其中的"通配符"是指用字符代替不确定的字符。该选择器允许使用模糊指定的方式选择对象。

通配选择器使用"*"选择页面上的所有的 HTML 元素，可以与任何元素匹配，下面的规则可以使文档中的每个元素都为红色。

　　* {color:red;}

下面通过示例介绍其具体应用。

扫码学习

添加通配选择器

1）分别执行"插入→Image"和"插入→Form"命令在当前页面中插入一个图像和一个表单。

2）按 Shift+F11 组合键或执行"窗口→CSS 设计器"命令，打开"CSS 设计器"面板，利用"源"窗格创建一个 CSS 样式表"style_selector.css"。

3）选择样式表"style_selector.css"，在"选择器"窗格中单击 ✚ 按钮，在弹出的文本框里输入"*"，添加一个通配选择器。

4）选中刚添加的通配选择器"*"，在"属性"窗格中，取消勾选"显示集"复选框，单击"布局"按钮 ▦ ，设置属性"width"和"height"分别为 100px 和 200px，设置和效果如图 8.15 所示。代码视图中的"*"代表了页面中的所有对象，因此插入的图像和表单将都会被选择，设置的属性将对页面中的所有 HTML 标签起作用。

147

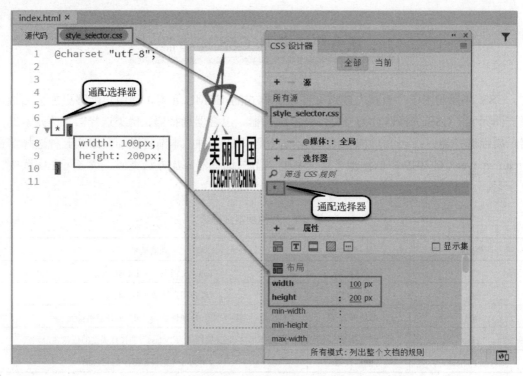

图 8.15 添加"通配选择器"并设置属性

二、元素选择器

元素选择器又称标签选择器，它通过标签名选择页面中的所有此类标签设置样式。需要注意的是，元素选择器选择的是一类标签，而不是单独的一个标签，无论嵌套关系有多深，都能找到对应的标签。下面的代码将会使页面上的所有 <p> 元素都居中对齐，并带有红色文本颜色。

```
p {
  text-align: center;
  color: red;
}
```

下面通过示例介绍其具体应用。

1）选择"插入→段落"命令，在页面中输入一段文字。

2）按 Shift+F11 组合键，打开"CSS 设计器"面板，在"选择器"窗格中单击 ➕ 按钮，在弹出的文本框里输入"p"，添加一个元素选择器。

3）选中刚添加的元素选择器"p"，取消勾选"显示集"复选框，在"属性"窗格中设置属性：单击"文本"按钮 🔲，设置文本属性"color"和"text-align"分别为"黄色"和"居中对齐"；单击"背景"按钮 🔲，设置背景属性"background-color"的值为"红色"。勾选"显示集"选项，设置效果及对应 CSS 代码，如图 8.16 所示。

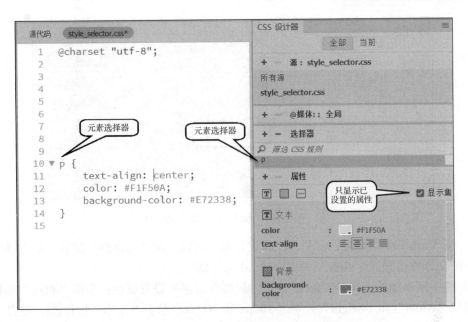

图 8.16 添加 "元素选择器" 并设置属性

4）按 F12 键在浏览器中预览，效果如图 8.17 所示。

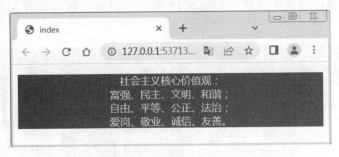

图 8.17 利用 "元素选择器" 设置段落的预览效果

三、id 选择器

id 选择器使用元素的 id 属性来选择特定元素设置样式。在 HTML 中，每个元素都有 id 属性，而且元素的 id 就像我们的身份证号码，在页面中是唯一的，因此 id 选择器用于选择一个唯一的元素。id 选择器使用 "#id 属性值" 的形式选择具有特定 id 的元素，例如，下方规则将应用于 id 为 "p1" 的元素。

```
#p1{
    text-align: center;
    color: red;
}
```

下面通过示例介绍其具体应用。

1）执行 "插入→Div" 命令，打开 "插入 Div" 对话框，在 "ID" 文本框中输入 "left"，单击 "确定" 按钮，如图 8.18 所示。

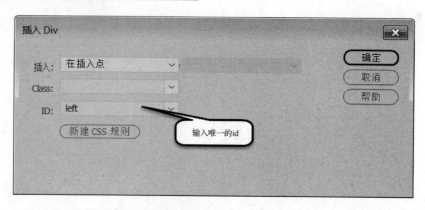

图 8.18 "插入 Div"对话框

2）按 Shift+F11 组合键，打开"CSS 设计器"面板，在"选择器"窗格中单击 ➕ 按钮，在弹出的文本框里输入"#left"，添加一个 id 选择器。

3）选中刚添加的选择器"#left"，在"属性"窗格中设置属性：单击"布局"按钮 🔳，设置属性"width"和"height"分别为 100px 和 200px，单击"文本"按钮 🅣，设置文本属性"color"的值，为文本选择一种颜色，然后单击空白处。

4）此时，页面中的 Div 将被设置成 CSS 所定义的样式，勾选面板中的"显示集"选项，只显示当前选择器已设置的属性。如图 8.19 所示，设置的属性只对 id 为"left"的标签起作用。

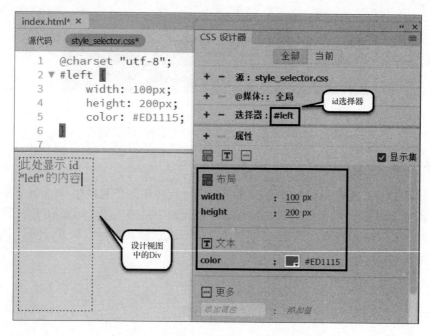

图 8.19 添加"id 选择器"并设置属性

四、类选择器

类选择器选择有特定 class 属性的 HTML 元素设置样式。类选择器使用".class 属性值"

的形式选择具有特定 class 的元素，例如，下列代码中所有带有 class="center" 的 HTML 元素将设置为红色且居中对齐。

```css
.center {
  text-align: center;
  color: red;
}
```

还可以指定只有特定的 HTML 元素会受类的影响。例如，下列代码中只有具有 class="center"的<p>元素会居中对齐。

```css
p.center {
  text-align: center;
  color: red;
}
```

HTML 元素也可以引用多个类，下列代码中，<p>元素将根据 class="center"和 class="large"进行样式设置。

```html
<p class="center large">这个段落引用两个类。</p>
```

下面通过示例介绍其具体应用。

1）按 Shift+F11 或执行"窗口→CSS 设计器"命令，打开"CSS 设计器"面板。

2）在"选择器"窗格中单击 ＋ 按钮，添加一个类选择器，设置选择器名称为".big"。

3）选中刚添加的类选择器".big"，在"属性"窗格中，取消勾选"显示集"复选框，单击"文本"按钮 T，设置属性"color"的值，为文本设置红色，然后单击空白处。

4）在"设计"视图输入一段文字，选中文字，执行"窗口→属性"打开"属性面板"，切换到"HTML"选项卡，单击"类"下拉列表，在下拉列表中选择"big"选项，如图 8.20 所示。此时，该文本将被设置为红色，按 F12 键预览效果。

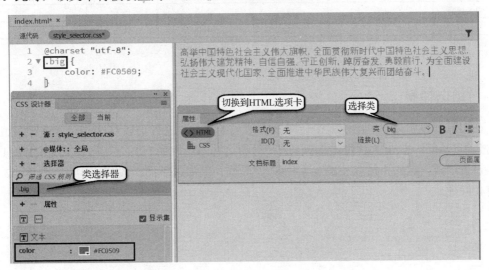

图 8.20　添加"类选择器"并设置属性

类选择器和 id 选择器的最大区别是：同一个类选择器可以作用于多个标签上，而且一个标签可以使用多个类选择器设置样式；而 id 选择器只能使用一次，一个标签只能使用一个 id 选择器设置样式。

岗位知识链接

关于 class 和 id 属性在实际开发中的命名规范

在 HTML 中规定，元素的 id 和 class 属性的值都不能以数字开头。另外，在实际开发中，我们除了遵循基本的命名要求外，还要遵循行业内"约定俗成"的规则，即"命名规范"。

规范的命名可以提高代码的可读性从而使代码更容易修改和维护，尤其是当多人合作开发时，规范的命名可以让人更好地理解代码。下面介绍一些在实际开发中常用的 id 和 class 命名，如表 8.2 所示。

表 8.2　常用的 id 和 class 命名

中文	英文	中文	英文	中文	英文
头	header	页面外围控制整体布局宽度	wrapper	热点	hot
内容	content/container	左、中、右	Left/center/right	新闻	news
尾	footer	登录条	loginbar	下载	download
导航	nav	标志	logo	子导航	subnav
侧栏	sidebar	广告	banner	菜单	menu
栏目	column	页面主题	main	子菜单	submenu
搜索	search	滚动	scroll	指南	guild
友情链接	friendlink	内容	content	服务	service
页脚	footer	标签页	tab	注册	regsiter
版权	copyright	文章列表	list	投票	vote
提示信息	msg	小技巧	tips	加入	joinus
栏目标题	title	合作伙伴	partner	状态	status

五、分组选择器

在实际开发中，通常出现多个元素拥有相同的样式，这样可以将这些元素进行编组，即使用分组选择器，以最大程度地缩减代码。分组选择器选取所有具有相同样式定义的 HTML 元素设置样式，这些不同类型的元素用 "," 分割，例如，下面一段代码中 p、h1 和 h2 将设置成相同样式。

```
h1, h2, p {
  text-align: center;
  color: red;
}
```

下面通过示例介绍其具体应用。

1）在页面中插入如图 8.21 所示的三个不同标题和一个段落。

图 8.21　在页面中插入标题和段落

2）按 Shift+F11 组合键或执行"窗口→CSS 设计器"命令，打开"CSS 设计器"面板。

3）在"选择器"窗格中单击 ＋ 按钮，添加一个选择器，设置选择器名称为"h1,h2,h3,p"。

4）选中刚添加的分组选择器"h1,h2,h3,p"，在"属性"窗格中，取消勾选"显示集"复选框，单击"文本"按钮 T，设置属性"color"的值，将标题和段落设置成红色，如图 8.22 所示。

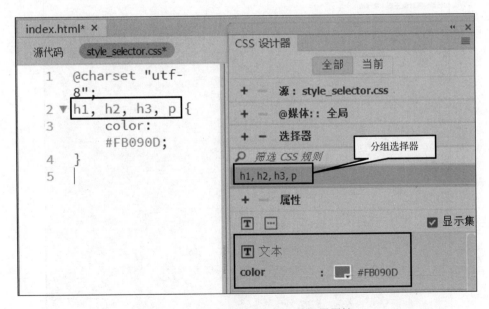

图 8.22　添加"分组选择器"并设置属性

项 目 引 导

制作"三国人物网站"

■ 项目概述

　　该网站的首页主体部分采用图文混编的方式，简单介绍三国人物；运用标签重定义、类和 ID 规则美化页面。通过制作该网站，熟悉和掌握 CSS 规则定义中的类型、背景、区块、方框和边框属性的设置方法。

扫码学习

制作"三国人物网站"

■ 项目实施

　　1. 建立站点及网页

　　1）在 D 盘建立站点目录 myproject8.1，站点名称为"三国人物网站"，本地站点文件夹为"D:\myproject8.1"，如图 8.23 所示。

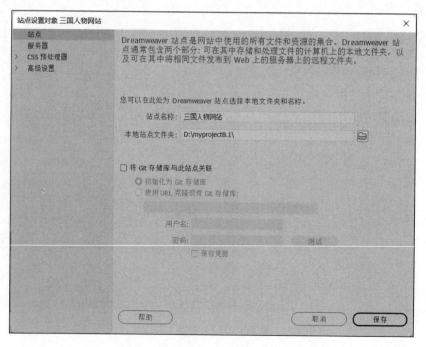

图 8.23　设置站点

　　2）将原始素材中的文件复制到 myproject8.1 目录下，在 Dreamweaver CC 2019 中打开 index.html 文件。

154

2. 设置网页背景和导航区

1）按 Shift+F11 组合键，打开"CSS 设计器"面板，在"源"窗格中单击"添加 CSS 源"按钮 ✚，在下拉列表中选择"在页面中定义"选项。

2）在"选择器"窗格中单击 ✚ 按钮，在弹出的文本框里输入"body"，添加一个元素选择器。

3）选中刚添加的元素选择器"body"，取消勾选"显示集"复选框，在"属性"窗格中设置属性：单击"背景"按钮▨，设置背景属性"background-color"的值为"#d8c7b4"。勾选"显示集"选项，设置效果及对应 CSS 代码，如图 8.24 所示。

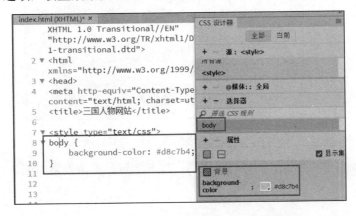

图 8.24 添加元素选择器"body"并设置属性

4）导航区利用表格布局，采用同样方法在"CSS 设计器"面板中，添加一个元素选择器"table"，设置属性 width 为 900px，margin-top 为 5px，margin-left 为 300px，设置效果如图 8.25 所示。

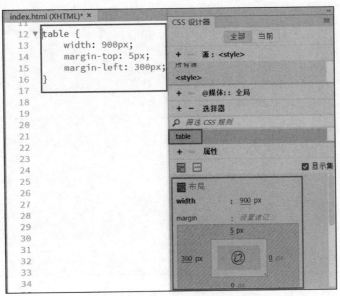

图 8.25 添加元素选择器"table"并设置属性

5）采用同样的方法，添加元素选择器"td"并设置单元格 td 的属性，单击"文本"按钮 T，设置"font-size"为 16，"font-weight"为 bold，"line-height"为 20，"text-align"为 center，设置和代码如图 8.26 所示。

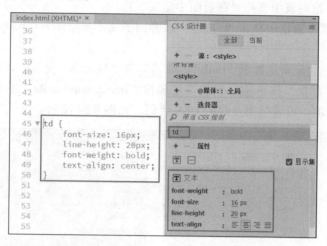

图 8.26　添加元素选择器"td"并设置属性

6）完成背景颜色和导航区的样式设置后，按 F12 键预览，效果如图 8.27 所示。

> **提示**
>
> 如果掌握熟练了 CSS 样式属性，也可在代码视图中直接编写 CSS 样式脚本。

图 8.27　背景和导航区效果

3. 设置主体区 CSS 样式

1）在"选择器"窗格中单击 **+** 按钮，在弹出的文本框里输入"#main"，添加一个 id 选择器。选中刚添加的选择器"#main"，在"属性"窗格中设置属性：单击"布局"按钮 **▦**，设置属性"width"为 900px，"margin-left"为 300px，如图 8.28 所示。

2）添加<div>标签的 id 属性。可以在"代码"视图下直接输入代码：id="main"，或者在"属性"面板中添加，如图 8.29 所示。

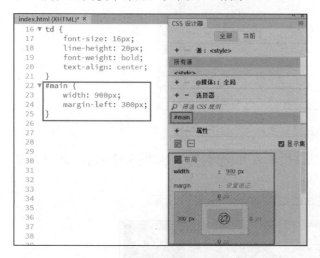

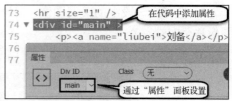

图 8.28 添加 id 选择器"#main"并设置属性   图 8.29 添加 div 的 id 属性

3）设置图像样式。在"选择器"窗格中单击 **+** 按钮，在弹出的文本框里输入"img"，添加一个元素选择器。选中刚添加的元素选择器"img"，在"属性"窗格中设置属性：单击"布局"按钮 **▦**，设置 float 为 left，单击边框按钮 **▦**，设置"style"为 solid、"width"为 1、"color"为#642，如图 8.30 所示。

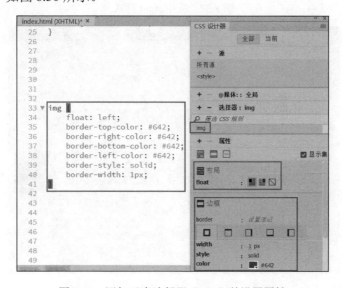

图 8.30 添加元素选择器"img"并设置属性

4）在"选择器"窗格中单击 + 按钮，在弹出的文本框里输入".right"，添加一个类选择器。选中刚添加的选择器".right"，在"属性"窗格中设置属性：单击"布局"按钮 ，设置属性 float 为 right，如图 8.31 所示。

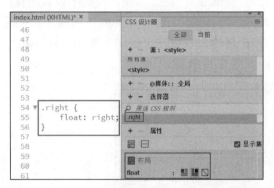

图 8.31　添加类选择器".right"并设置属性

5）选择第二段中的关羽图像，在属性面板中应用.right 样式，如图 8.32 所示，此时关羽图像移至右端。

6）分别隔段设置图像样式，整个网站的最终效果如图 8.33 所示。

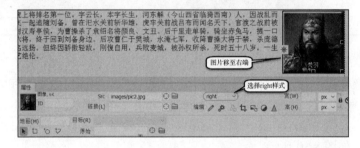

图 8.32　应用.right 样式

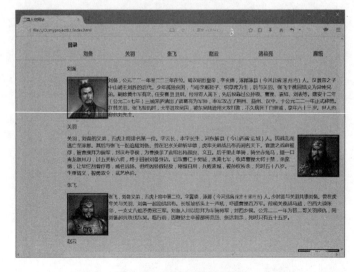

图 8.33　网站的最终效果

项 目 实 训

制作"桂林旅游资讯网"

实训目的

1）掌握选择器样式列表标签的使用方法。
2）掌握选择器样式复合内容的使用方法。
3）掌握编辑文本样式表的技巧。
4）参考本实训提示，自己创新，设计出风格独特的网页。

扫码学习

制作"桂林旅游资讯网"

实训提示

1）在 D 盘建立站点目录 myproject8.2，站点名称为"桂林旅游资讯网"，本地站点文件夹为"D:\myproject8.2"，如图 8.34 所示。

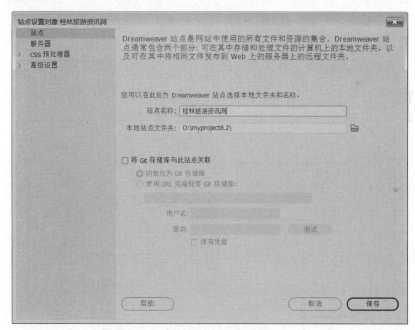

图 8.34　站点设置

2）将素材复制到 myproject8.2 目录下，在 Dreamweaver CC 2019 中打开 index.html。

3）按 Shift+F11 组合键，打开"CSS 设计器"面板，在"源"窗格中单击"添加 CSS 源"按钮 ，在下拉列表中选择"在页面中定义"选项。

4）在"选择器"窗格中单击 按钮，在弹出的文本框里输入"ul"，添加一个元素选择器。选中选择器"ul",取消勾选"显示集",在"属性"窗格中设置属性:单击"文本"按钮 **T**,设置"list-style-type"的值为 none。勾选"显示集"选项,效果如图 8.35 所示。

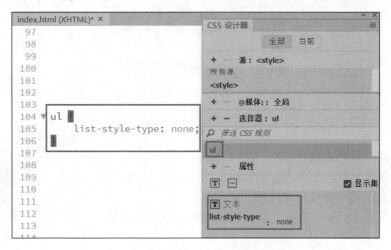

图 8.35　添加元素选择器"ul"并设置属性

5)设置鼠标指针经过超链接时背景颜色发生变化。在"选择器"窗格中单击 **+** 按钮,在弹出的文本框里输入"a:hover",添加一个伪类选择器。选中选择器"a:hover",在"属性"窗格中设置属性:单击"背景"按钮 **▨**,设置背景属性 background-color 的值为#33FF99。勾选"显示集"选项,设置效果及对应的 CSS 代码,如图 8.36 所示。

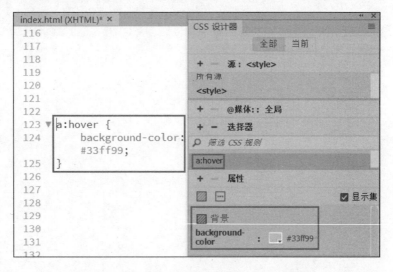

图 8.36　添加伪类选择器"a:hover"并设置属性

6)在"选择器"窗格中单击 **+** 按钮,在弹出的文本框里输入"a",添加一个元素选择器。选中刚添加的元素选择器"a",在"属性"窗格中设置属性:单击边框按钮 **□**,单击右侧边框按钮 **□**,设置右侧边框属性 width 为 1、style 为 solid、color 为#0FF。设置效果及对应的 CSS 代码,如图 8.37 所示。

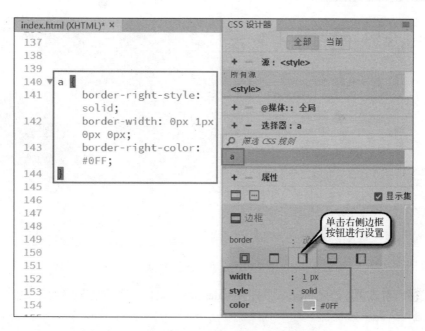

图 8.37 添加元素选择器 "a" 并设置属性

7）设置正文文本样式。在"选择器"窗格中单击 ➕ 按钮，在弹出的文本框里输入".content"，添加一个类选择器。选中刚添加的类选择器".content"，在"属性"窗格中设置属性：单击"文本"按钮 **T**，设置属性 font-family 为楷体，font-size 为 18，color 为#FFF，如图 8.38 所示。

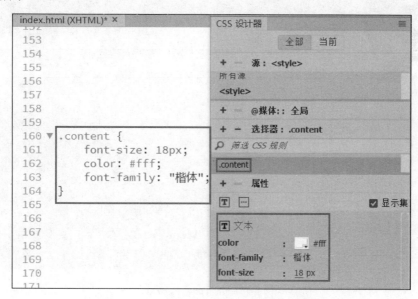

图 8.38 添加类选择器 ".content" 并设置属性

8）将光标定位到正文文字中，选择<span>标签，在"属性"面板的"目标规则"下拉列表中选择"content"应用样式，或者直接在代码中添加 class 属性，如图 8.39 所示。

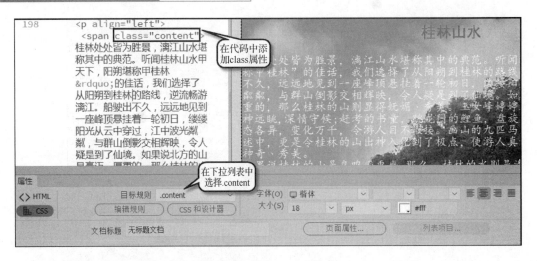

图 8.39　应用 content 样式

9）保存所有设置，在 Chrome 中打开 index.html 文件，网页的最终效果如图 8.40 所示。

图 8.40　网页的最终效果

项 目 拓 展

在 HTML 中创建编辑样式表

Dreamweaver CC 2019 提供了可视化创建、编辑 CSS 的统一面板，操作方便。有时网页制作者需要深入探究 CSS 的底层机理，灵活定制一些 CSS 的功能，可直接在 Dreamweaver "代码"视图中创建、编辑 CSS 样式。下面截取了"代码"视图中的部分 CSS 代码，如图 8.41 所示。

样式表通常放在 HTML 文档的<head></head>标签内定制，由样式规则组成，执行时浏览器根据这些规则来显示文档。样式表的规则由两部分组成：选择符（又称选择器）和样式定义。选择符通常是一个 HTML 元素，样式定义由属性和值组成。样式规则的组成形式为选择符{ 属性名:值 }，如图 8.41 中的

```
body {
background-image: url(image/beijing.jpg);
}
```

```
<style type="text/css">
<!--
    #Layer1 {
        position: absolute;
        left: 147px;
        top: 247px;
        width: 190px;
        height: 22px;
        z-index: 1;
    }
    .STYLE1 {font-size: 12px}
    #Layer2{
        position: absolute;
        left: 147px;
        top: 278px;
        width: 197px;
        height: 23px;
        z-index: 2;
    }
    body {
        background-image:
        url("image/beijing.jpg");
    }
-->
</style>
```

图 8.41　"代码"视图中的 CSS 代码

其中，body 是选择符，background-image 是属性名，url（image/beijing.jpg）是属性值。

当然，CSS 作为一种新技术，包含的内容十分丰富，在这里只是抛砖引玉，简单地介绍了在 HTML 中创建编辑样式表的一些方法，要想掌握更多的 CSS 知识，可参考这方面的其他书籍。

项 目 小 结

本项目讲解了 CSS 样式的基本概念、CSS 设计器面板、CSS 样式表的创建、选择器的添加方法，重点介绍了 CSS 设计器的属性设置方法，并结合实训具体讲述了 CSS 样式的运用。通过学习本项目，读者要在今后建设网站时灵活地运用样式表，制作出专业级水平的网页。

思考与练习

一、选择题

1. 若要使网站的风格统一并便于更新,在使用 CSS 文件的时候,最好使用 (   )。
   A. 内联样式表　　　　　　　　　　　　B. 内部样式表
   C. 外部样式表　　　　　　　　　　　　D. 以上三种都一样

2. 在 CSS 语言中,下列 (   ) 是"文本缩进"的允许值。
   A. auto　　　　　　　　　　　　　　　B. <背景颜色>
   C. <百分比>　　　　　　　　　　　　　D. <统一资源定位 URL>

3. 在 CSS 中,"背景颜色"的允许值是 (   )。
   A. baseline　　　B. justify　　　C. transparent　　　D. capitalize

4. 选择器类型中,可应用于任何标签的选择器是 (   )。
   A. 元素选择器　　　　　　　　　　　　B. 类选择器
   C. 伪类选择器　　　　　　　　　　　　D. 通配选择器

5. 以下选项中可以选择页面中的所有<p>标签的选择器是 (   )。
   A. .p　　　　　　B. *p　　　　　　C. #p　　　　　　D. p

二、简答题

1. 列举 CSS 中选择器的类型并简述它们的基本用法和作用。
2. 如何利用"CSS 设计器"面板添加类选择器并应用样式?

三、操作题

自行搜集素材,制作以"逐梦青春,筑梦未来"为主题的网站。具体要求如下。
1. 网页命名为 index.html。
2. 利用 CSS 设计器创建样式表"style.css",统一设置字号、文本颜色,并设置文本居中对齐。
3. 制作 Logo 部分,并使 Logo 背景显示。
4. 制作顶部导航,添加空链接。
5. 使用"背景"属性制作底部版权信息。

项目九

表单的创建

随着 Internet 的发展，人们不再局限于通过浏览页面来被动地接受信息，而是主动地交互信息。表单常常用于收集用户提供的信息，并提交给服务器处理。表单在网站中应用十分普遍，如网上购物、预订机票、网上汇款、购买保险等。表单作为在 Web 站点上用来收集信息、传送信息的重要载体，其作用日益突出。无论 ASP、JSP 网页编程，还是 PHP 编程，表单都是重点内容，也是编程者必须掌握的核心技术。

▌项目一体化目标

◆ 了解表单的定义、属性；
◆ 掌握表单元素的创建方法、属性设置方法；
◆ 灵活运用表单元素制作表单；
◆ 学会验证表单的方法及接受表单数据的方式；
◆ 培养耐心细致、精益求精的好习惯。

任务一 认 识 表 单

表单是网页设计的重要元素之一，网页中的动态交互都离不开表单元素。因此，首先要理解表单的定义和作用，其次初步掌握表单的元素和布局的基本方法。

一、表单简介

表单主要用于实现浏览网页的用户同 Internet 服务器之间的交互。表单把用户输入的信息提交给服务器进行处理，从而实现用户和服务器的交互。表单包含了用于交互的表单对象，表单对象主要包括文本域、复选框和列表/菜单元素等。

浏览器处理表单数据的过程为：用户在表单元素中输入了数据之后，提交表单，浏览器把这些数据发送给服务器，服务器端脚本或应用程序对传来的数据加以处理，处理结束后，返还给浏览器端，用户浏览到所需要的内容。

二、表单布局

Dreamweaver CC 中主要包括文本域、单选按钮、复选框、列表/菜单栏、按钮、图像域等表单元素。在创建 HTML 文档后，在需要的地方插入表单对象，这时文档中出现红色的虚线框，虚线框相当于一个"容器"，代表表单对象，表单元素必须放置在这个"容器"内。一个文档中可插入多个表单对象，但一个表单对象不能包含其他表单对象。

在表单对象中布局多个表单元素较为复杂，不易安排。为了合理布局，通常的做法是首先在表单域（红色虚线内）中插入表格，按照表单元素的多少确定表格的行列，并对表格进行格式化处理，然后把表单元素插入表格中，完成表单的布局。

表单的属性通过属性面板进行设置，主要包括"ID""Action""Method""Enctype"选项，在任务二中予以讲述。

任务二 创建表单元素

掌握创建表单元素的元素关键在于熟练使用属性面板、设置表单元素参数。

一、创建表单域

1）打开一个页面，将光标定位到希望表单出现的位置。

2）在菜单栏中选择"插入→表单"命令，如图 9.1 所示。或单击右上方"展开面板"按钮，在打开的"面板组"中选择"插入"选项卡，在下拉列表中选择"表单"命令，如图9.2 所示。

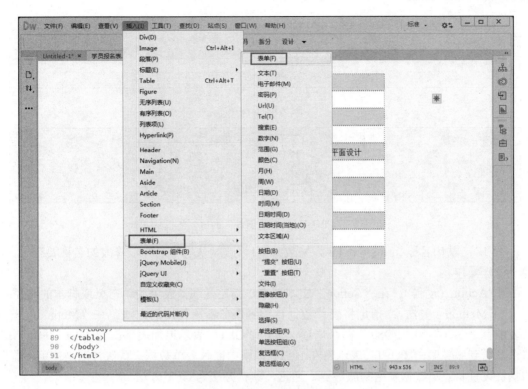

图 9.1 菜单栏"插入→表单"

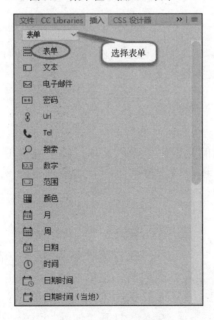

图 9.2 "表单"工具栏

　　Dreamweaver CC 将插入一个空的表单。当页面处于"设计"视图时,用红色的虚轮廓线指示表单域,如图 9.3 所示。

　　3) 设置表单域属性参数。选择插入的表单,其"属性"面板如图 9.4 所示。

图 9.3　表单域

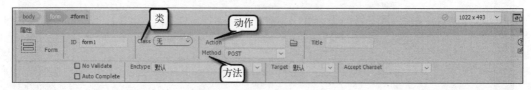

图 9.4　表单"属性"面板

① ID：默认名称 form1～n（n 为整数），可修改默认表单名称，修改的名称要有意义，便于编程操作。

② Action（动作）：在"Action"文本框中，指定处理该表单的动态页或脚本的路径。

③ Method（方法）：指定将表单数据传输到服务器所使用的方法。在"Method"下拉列表中有"GET"和"POST"两个选项，其中"GET"表示追加表单值到 URL 并将 GET 请求发送到服务器，"POST"表示将在 HTTP 请求中嵌入表单数据。默认方法是使用浏览器的默认设置将表单数据发送到服务器，通常，默认方法为 GET 方法。

在插入表单之后，就可以在表单域内插入表单元素了，如文本域、单选按钮、复选框等。

注意

表单元素必须插入表单域内（红色虚线内），因为客户端向服务器提交数据，是将表单内所有元素的值同时向服务器提交的。

二、创建文本域

文本域是表单中最常用的元素，可输入文本、数字或字母。输入内容可单行显示，也可多行显示，还可以设置密码，并以星号显示。现以单行文本域和多行文本域进行讲解。

扫码学习

创建表单元素

1. 插入单行文本域

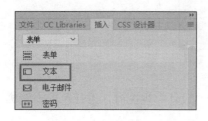

图 9.5　选择"文本"选项

执行菜单命令"插入→表单→文本"，或者在"插入"面板的"表单"列表中单击"文本"选项，如图 9.5 所示。选中刚刚插入的单行文本域，执行"窗口→属性"命令，打开"属性"面板，如图 9.6 所示，在"属性"面板中，可以设置文本域的相关属性，其主要参数含义如下。

Name：设置文本域的名称，该名称可以在脚本代码中进行引用。

Size：设置文本域能显示的字符数。

Max Length：设置文本域能够容纳的最多的字符数。

Value：设置表单第一次加载时文本域中需要显示的文字。

Disabled：勾选此选项，表示禁用该文本域，其内容无法修改，且值不可传递。

Required：勾选此选项，代表该文本域为必填项。

Auto Focus：勾选此选项，打开后自动获取焦点。

Read Only：勾选此选项，代表该文本域为"只读"状态，其值无法更改，但可以传递。

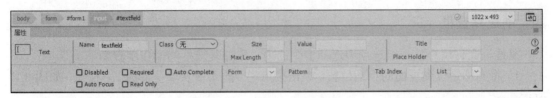

图 9.6 单行文本域的"属性"面板

2. 插入多行文本域

1）在"插入"面板的"表单"列表中单击"文本区域"选项，如图 9.7 所示。

2）文本区域的"属性"面板如图 9.8 所示。插入了一个多行文本域，其属性面板及主要参数的含义如下。

Rows：设置文本区域内可见的行数。

Cols：设置文本区域内可见的列数。

Max Length：设置文本区域的最大字符数。

Wrap：设置文本域是否自动换行，默认是自动换行的。

图 9.7 "文本区域"选项

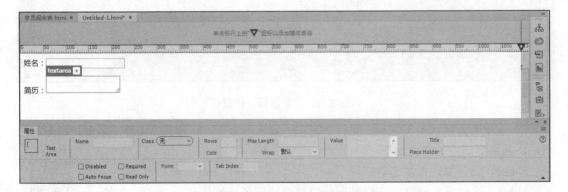

图 9.8 文本区域的"属性"面板

三、创建按钮

表单按钮可以控制表单操作。使用表单按钮可将输入表单的数据提交到服务器，或者重置该表单的数据。

1）在"插入"面板的"表单"列表中选择"按钮"选项，如图 9.9 所示。

2）在表单中单击"按钮"对象，设置按钮的"属性"，如图 9.10 所示。

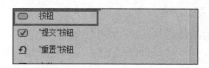

图 9.9 "按钮"选项

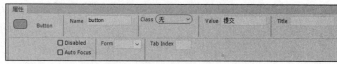

图 9.10 按钮的"属性"面板

四、创建复选框

复选框允许用户从一组选项中选择多个选项。添加复选框的操作步骤如下。

1）将光标定位到页面的合适位置，单击菜单栏"插入→表单→复选框"按钮，如图 9.11 所示。

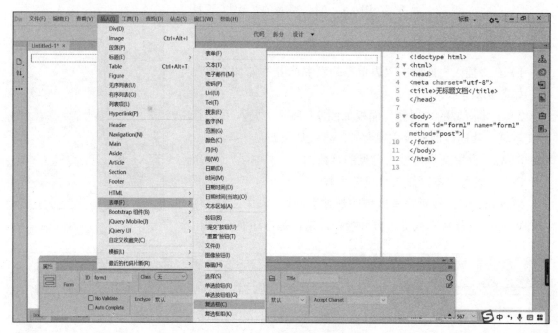

图 9.11 "复选框"按钮

2）选中上面插入的复选框，执行"窗口→属性"命令，打开其"属性"面板，如图 9.12 所示，其主要属性的含义如下。

Name：设置复选框的名称。

Value：选定值，设置复选框被选择时提交给服务器的值。

Checked：设置表单首次加载时复选框是否被选中。

扫码学习

创建复选框组

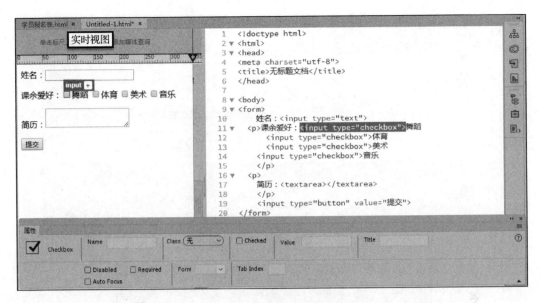

图 9.12　插入表单中的"复选框"

五、创建单选按钮

1）在"插入"面板的"表单"列表中选择"单选按钮"选项，如图 9.13 所示，可以在页面中插入一个单选按钮。

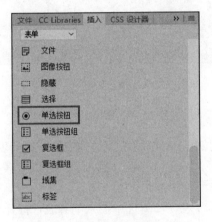

图 9.13　选择"单选按钮"选项

2）选中上面插入的单选按钮，在"属性"面板中显示其属性，如图 9.14 所示，其主要参数含义如下。

Name：设置单选按钮名称，同一个单选按钮组的名称必须相同。

Value：选定值，设置单选按钮被选中时提交给服务器的值。

Checked：设置表单首次加载时，该单选按钮是否被选中。

另外，也可以在"表单"列表中单击"单选按钮组"选项，打开"单选按钮组"对话框，如图 9.15 所示，在对话框中可以设置单选按钮组的标签名称和单个按钮的标签以及它们的值。注意，在同一组中的单选按钮名称相同，且只能有一个被选中。

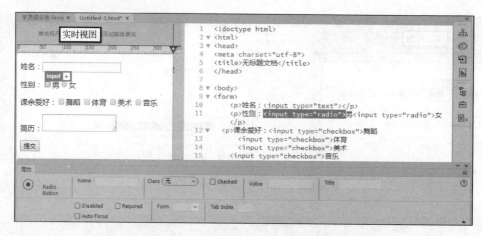

图 9.14　"单选按钮"的"属性"面板

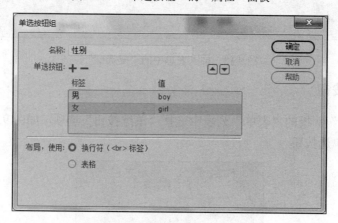

图 9.15　"单选按钮组"对话框

六、创建列表

通过表单里的"选择"按钮，可以创建滚动列表和下拉列表，具体操作如下。

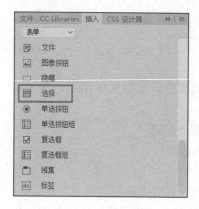

图 9.16　"选择"选项

1）在"插入"面板的"表单"列表中选择"选择"选项，如图 9.16 所示。

2）选中插入的列表，打开其"属性"面板。在"属性"面板中，勾选"Multiple"属性，可以创建一个允许多选的"滚动列表"，还可以通过输入"Size"的值来设置滚动列表显示的行（项）数，若指定的数字小于该列表包含的选项数，则出现滚动条，如图 9.17 所示。

3）在属性面板中单击"列表值"按钮，打开"列表值"对话框。将光标定位到"项目标签"域中后，输入要在该列表中显示的文本。在"值"域中，输入当用户选择该项时将发送服务器的数据。若要向选项列表中添加其他项，可单击按钮，然后重复上面的步骤，如图 9.18 所示。

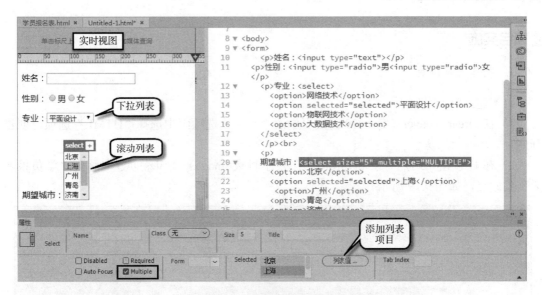

图 9.17　列表的"属性"面板

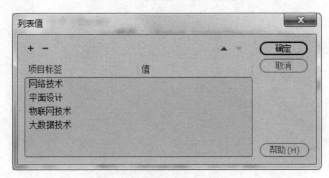

图 9.18　"列表值"对话框

项 目 引 导

制作"学员报名表"网页

▌项目概述

　　制作一个学员报名表网页，报名表主要由表单构成，首先要
完成表单的布局，其次要设置表单元素的属性，最后要对表单进
行验证，并保证网站的健壮性。

扫码学习

制作"学员报名表"网页

■ 项目实施

1. 制作表单网页

（1）建立站点及网页

1）在 Dreamweaver CC 2019 起始页中的"新建"选项组中选择"HTML"选项，创建新网页。

2）在 D 盘建立站点目录 myproject9.1 及子目录 images 和 files 创建名称为"学员报名表"的站点，如图 9.19 所示。

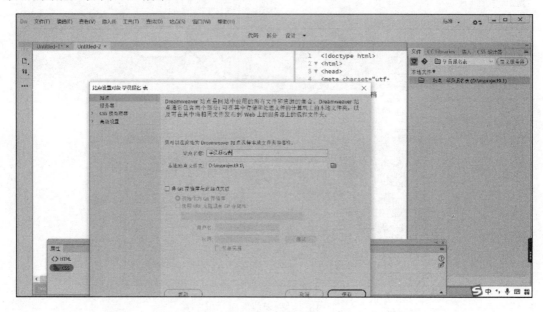

图 9.19　站点定义

图 9.20　"Table"对话框

（2）建立表单布局

1）在"设计"视图中，单击页面空白处，执行"插入→表单→表单"命令，在网页中插入表单域。

2）将光标定位到表单域内，执行菜单"插入→Table"命令，在打开的"Table"对话框中设置 11 行 2 列的表格，"边框粗细"为 0，"标题"为"学员报名表"，如图 9.20 所示。

3）在设计视图中将鼠标移动到每行行首并选中该行，打开"行"的属性面板，设置其背景色为"#ddd"，采用同样方法将表格中的奇数行的背景颜色进行设置，形成斑马纹的效果，如图 9.21 所示。

4）选中当前表格，在"属性"面板中，设置"对齐"为"居中对齐"，"宽"为 620 像素，"填充"为 10，合并第一行单元格，调整两列列宽至合适宽度，如图 9.22 所示。

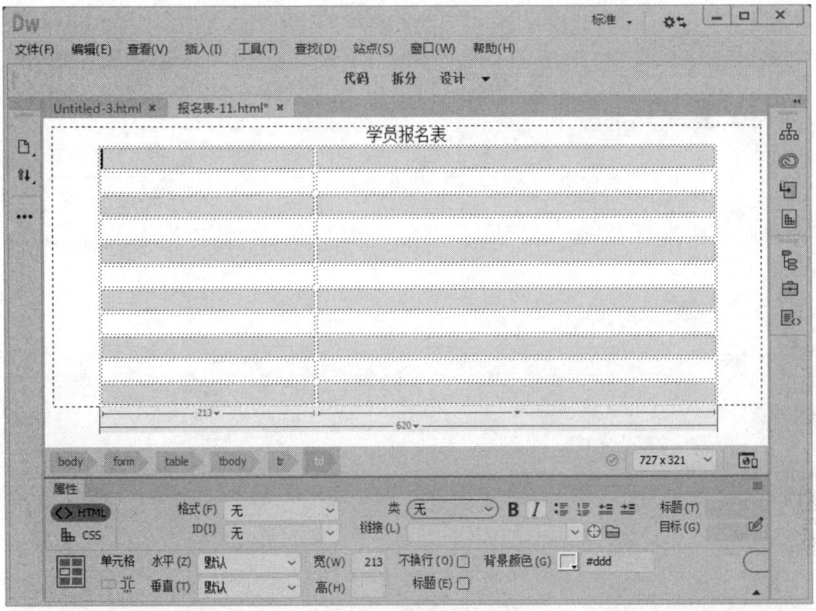

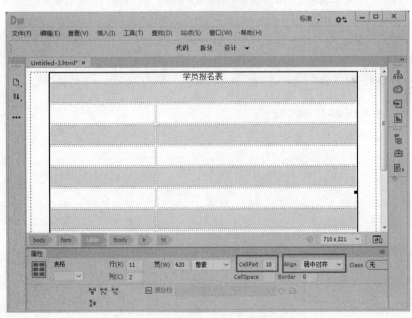

图 9.21　设置表格样式

图 9.22　表格属性设置

（3）插入表单元素

1）在表格第一行输入"新学员请认真填写下面信息："。

2）将光标定位到第二行第一个单元格内，单击"插入"面板中"表单"列表中的"标签"按钮，插入标签，在\<label>标签处输入"姓名："，如图 9.23 所示。

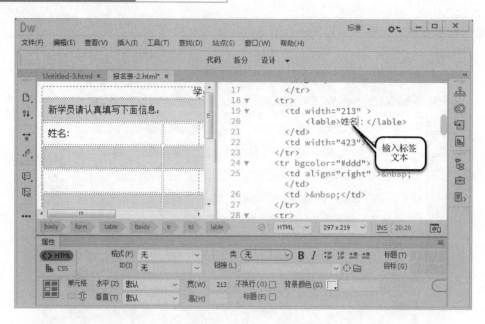

图 9.23　插入文本标签

3）重复以上步骤，分别插入"出生日期""性别""学习项目""地址""邮件""电话""邮编""个人简介"文本标签，并设置所有单元格为"右对齐"，效果如图 9.24 所示。

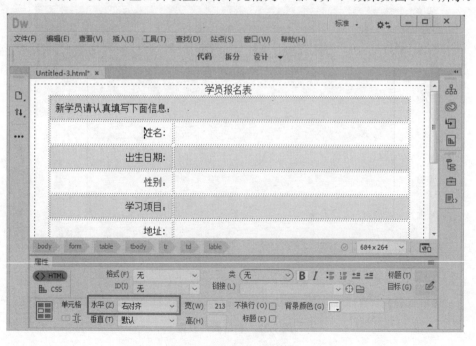

图 9.24　插入标签的效果

4）分别在"姓名""出生日期""地址""邮件""电话""邮编"标签之后插入文本字段，其中"地址"文本字段的"字符宽度"设置为 40，如图 9.25 所示。

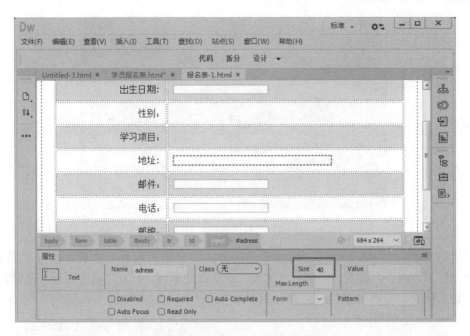

图 9.25 文本字段的属性设置

5）将光标定位到第四行第二列单元格中即"性别："之后，执行"插入→表单→单选按钮组"命令，弹出"单选按钮组"对话框，如图 9.26 所示，设置"名称"为"sex"，设置标签"男"和"女"，其值分别为"boy"和"girl"，单击"确定"。将光标定位到"男"之后，按 Delete 键将换行删除。

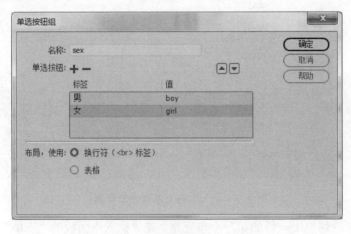

图 9.26 "单选按钮组"对话框

6）将光标定位到第五行第二列单元格中即"学习项目："之后，执行"插入→表单→复选框组"命令，弹出"复选框组"对话框，如图 9.27 所示，设置"名称"为"course"，并设置相应的标签和值，单击"确定"按钮。将光标分别定位到"C 语言编程"和"网络技术"之后，按 Delete 键将换行删除。

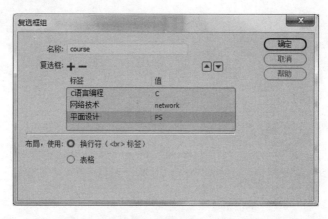

图 9.27 "复选框组"对话框

7）将光标定位到第十行第二列的单元格内，即"个人简介"之后，执行"插入→表单→文本区域"命令，插入一个多行文本域，选中该文本域，打开"属性面板"设置其名称、显示行数、最大字符数等属性，效果如图 9.28 所示。

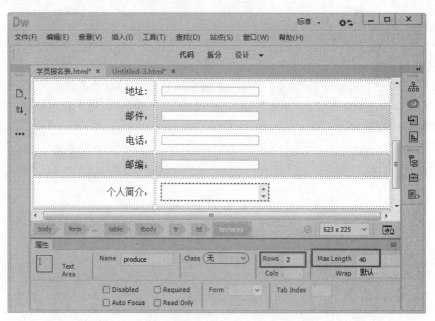

图 9.28 插入多行文本域并设置属性

8）将光标定位到第十一行的第一个单元格，在"插入"面板的"表单"列表中单击"提交按钮"，插入一个提交按钮，设置其右对齐。以同样的方法在第二个单元格内插入一个重置按钮，设置其左对齐，效果如图 9.29 所示。

（4）设置网页属性

1）选择"视图左下角 body 标签，在其属性对话框中选择'页面属性'选项"，在打开的"页面属性"对话框中设置网页"背景颜色"为#FF9 各页边距设置为0，如图 9.30 所示。

2）在"拆分"视图中，修改表格的"背景颜色"为#FFFFFF，如图 9.31 所示。

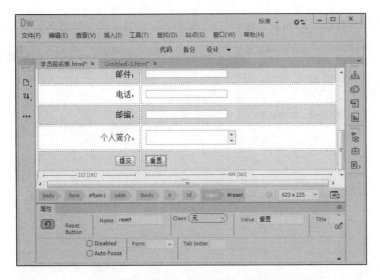

图 9.29　插入"提交"和"重置"按钮

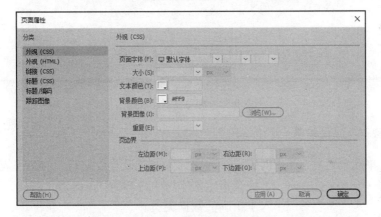

图 9.30　网页属性设置

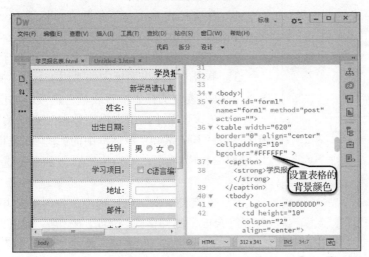

图 9.31　设置表格背景颜色

179

3）保存制作的首页文件 index.html，在 Chrome 浏览器中的最终显示效果如图 9.32 所示。

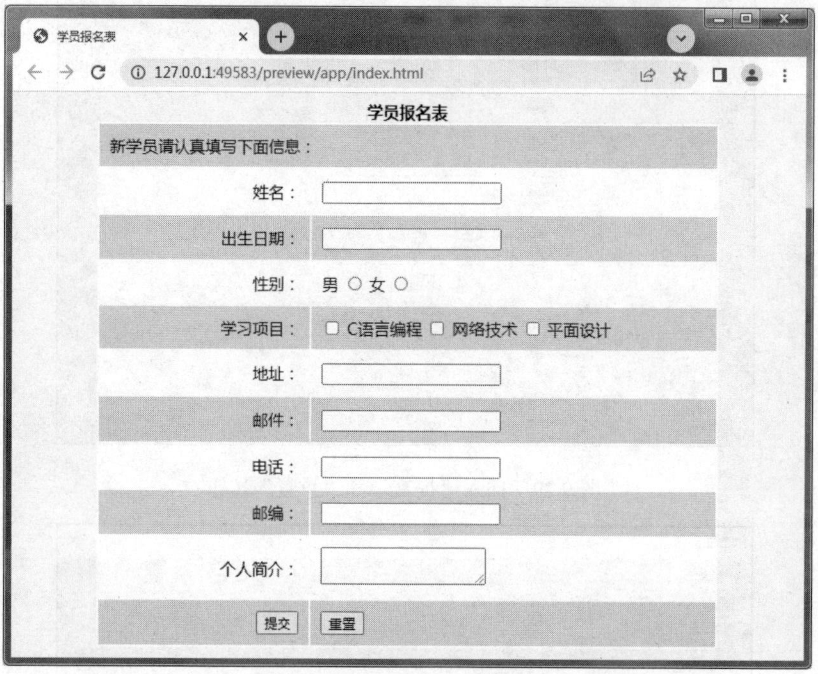

图 9.32　浏览器显示效果

2. 表单验证及接受结果

在创建表单元素之后，还应对表单中一些元素对象设置数据输入的验证规则，或添加用于检查指定文本域中内容的 JavaScript 代码，以确保用户输入了正确的数据类型。

（1）表单验证

1）在文档内单击左下角的表单标签<form#form1>选中整个表单。

2）选择"窗口→行为"命令，打开"行为"面板。

3）单击"行为"面板中的"添加行为"按钮 ，在弹出的下拉列表中选择"检查表单"选项，如图 9.33 所示。

4）在该表单中，用户提交数据时必须填写姓名，因此，在打开的"检查表单"对话框中的"域"列表框中选择"input 'name'（R）"选项，并选中"必需的"复选框，如图 9.34 所示。

5）在该表单中，用户提交数据时必须填写电子邮件，并应符合电子邮件格式，因此，在"域"列表框中选择"input 'email'（RisEmail）"选项，选中"必需的"复选框，并选中"电子邮件地址"单选按钮，如图 9.35 所示。

图 9.33　"检查表单"选项

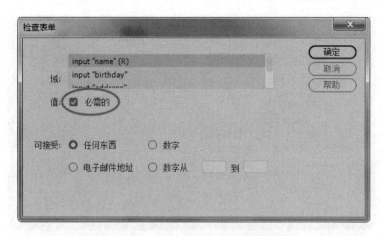

图 9.34　"检查表单"name 属性设置

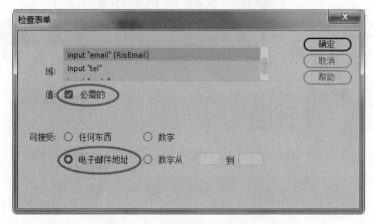

图 9.35　"检查表单"email 属性设置

6）在该表单中，用户提交数据时必须填写电话，并且要填写数字，因此，在"域"列表框中选择"input 'tel'（RisNun）"选项，选中"必需的"复选框，并选中"数字"单选按钮，如图 9.36 所示。

7）单击"确定"按钮，关闭对话框。

8）保存当前 index.html 文件，在浏览器中打开网页，如果不在"姓名"文本框中输入文字，单击"提交"按钮，则显示效果如图 9.37 所示。

提示

在"电话"文本框内输入非数字的内容并提交时浏览器也会提示输入错误，请自行测试效果。

（2）使用电子邮件接受表单结果

1）在文档内单击左下角的表单标签<form#form1>选中整个表单。

2）在"属性"面板的"动作"文本框中输入表单动作 mailto:zxueyi@163.com，在"方法"下拉列表中选择"POST"选项，图 9.38 所示。

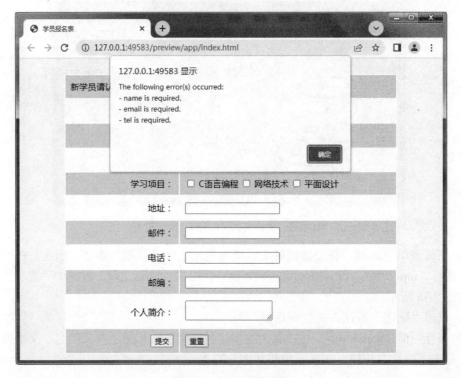

图 9.36 "检查表单" tel 属性设置

图 9.37 检查表单效果

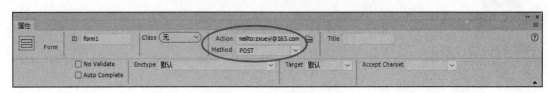

图 9.38 接受表单结果设置

3）保存当前 index.html 网页。

项目实训

制作"读者调查表"网页

■实训目的

1）掌握表单布局的设计方法和插入表单元素的方法。
2）掌握表单元素属性的设置方法。
3）掌握表单验证及设置接受结果的方式。

扫码学习

制作"读者调查表"网页

■实训提示

1）在 D 盘建立站点目录 myproject9.2 及子目录 images 和 files，新建一个站点，站点名称为"读者调查表"，如图 9.39 所示。

2）在 Dreamweaver CC 2019 起始页中的"新建"选项组中选择"HTML"选项，创建新网页。

3）在新建网页中插入表单域，并在该表单中插入 18 行 2 列的表格，并设置表格"边框粗细"为 0 像素，"表格宽度"为 600 像素，如图 9.40 所示。

4）将表格居中对齐，表格前两行合并单元格，可做适当的格式化，使其更具个性，如图 9.41 所示。

5）在表单中输入相应的文字，如图 9.42 所示。

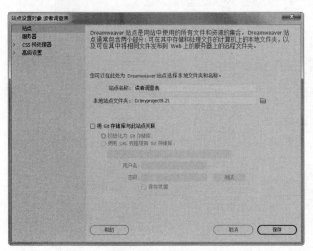

图 9.39 站点定义

图 9.40 插入表格

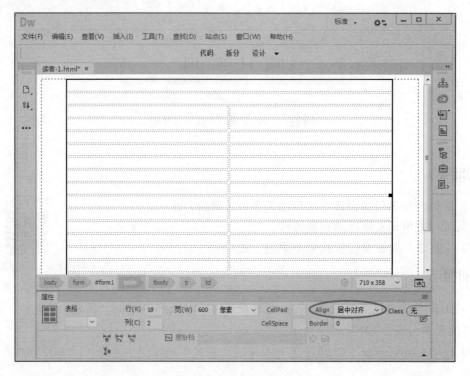

图 9.41　调整后的表格

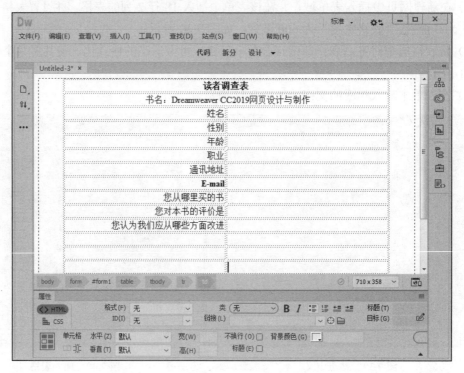

图 9.42　文字输入

6）根据表 9.1 的参数要求，插入表单元素，并设置相应属性，如图 9.43 所示。

表 9.1　表单元素相应属性

相应文字	元素名称	所属表单元素	字符宽度	其他说明
姓名	Name	文本字段	12	必须填写
性别	Sex	单选按钮	2	
年龄	Age	文本字段	2	数字格式
职业	Vocation	文本字段	12	
通信地址	Address	文本字段	30	
E-mail	Email	文本字段	18	必须填写
获知本书（略）	Book	复选框		
评价（略）	Mark	单选按钮		必须填写
改进（略）	Improve	文本域	40	
提交	Submit1	按钮		
重置	Submit2	按钮		

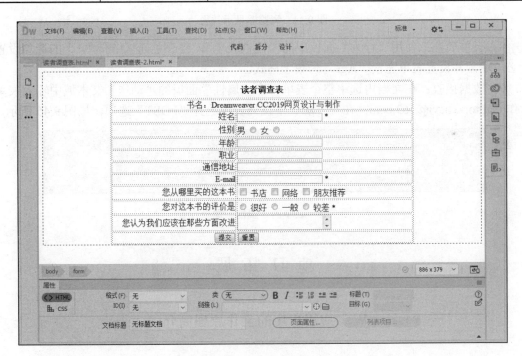

图 9.43　插入表单元素

7）打开"页面属性"对话框，设置网页"背景颜色"为#D8FFFE，表格"背景颜色"为#FFFFFF，设置表格的第一行和最后一行的"背景颜色"为"#FCFFE2"，表格单元格"填充"为 2，删除多余的表格行，网页标题为"读者调查表"，保存当前文档 index.html，最后在 Chrome 中的显示效果如图 9.44 所示。

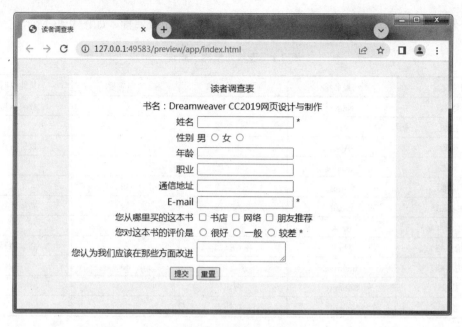

图 9.44　浏览器显示效果

8）表单验证：使用"行为"面板中的"检查表单"，将表单元素中带"*"的选项设置为必填项，并设置表单元素"Age"为数字格式。

9）数据接收：在文档内选中整个表单，在"属性"面板的"动作"文本域中输入表单动作 mailto:zxueyi@163.com；在"方法"下拉列表中选择"POST"选项，如图 9.45 所示。

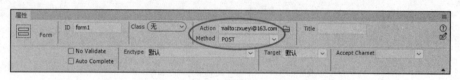

图 9.45　表单的"属性"面板设置

项 目 拓 展

Web 应用程序的工作原理简介

在表单数据发送之后，通过电子邮件接受结果的方式，最终生成一个纯文本文件，保存接收到的数据，这种方式比较简单、易操作，适合数据量少、业务相对简单的项目。实际业务中，多采用 B/S（浏览器/服务器）模式，现通过一个图示做简单介绍，以加深对表单的理解，如图 9.46 所示。

浏览器端通过表单提交数据并发送给 Web 服务器，由 Web 服务器传送给应用程序服务器；应用程序服务器调用相关网页程序进行处理，如果需要存取数据，则对数据库进行访问；

处理的数据经由应用程序服务器传给 Web 服务器,再由 Web 服务器进行相关处理,把这个网页作为对请求的应答发送给浏览器。可见,这一过程相对复杂,实现这一过程需要 ASP、JSP 或 CGI 等语言编程来实现,因此,要学会利用表单制作网页,为以后编写复杂网页打好牢固的基础。

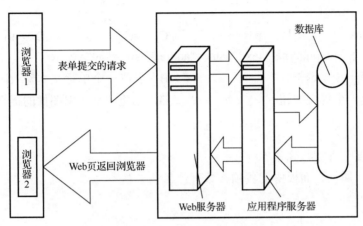

图 9.46 Web 应用程序的工作原理

项 目 小 结

表单主要包括文本域、单选按钮、复选框、列表/菜单栏、按钮和图像域等元素,创建和使用这些元素是制作表单项目的重点。在制作表单网页时,首先设计好表单布局,其次设置好表单元素的属性,同时,结合前面学过的表格布局、文字编辑等知识,融会贯通,灵活运用,制作出风格独特的站点网页。

思考与练习

一、选择题

1. 表单从浏览器发给服务器的两种方法是( )。
   A. FORM 和 POST
   B. GET 和 POST
   C. ident 和 GET
   D. bin 和 IDENT

2. 下面关于设置文本域的属性说法错误的是( )。
   A. 单行文本域只能输入单行的文本
   B. 通过设置可以控制单行域的高度
   C. 通过设置可以控制输入单行域的最长字符数
   D. 密码文本域的主要特点是不在表单中显示具体输入内容,而是用*来替代显示

3．有一个供用户注册的网页，在用户填写完成后，单击"确定"按钮，网页将检查所填写资料的有效性，这是因为使用了 Dreamweaver CC 2019 的（　　）事件。

    A．检查表单　　　　B．检查插件　　　　C．检查浏览器　　　　D．改变属性

4．若要在新浏览器窗口中打开一个页面，可从属性检查器的"目标"下拉列表中选择（　　）。

    A．_blank　　　　B．_parent　　　　C．_self　　　　D．_top

5．HTML 代码<input type="text" name="address" size="30">表示（　　）。

    A．创建一个单选框　　　　　　　　　B．创建一个单行文本输入区域

    C．创建一个提交按钮　　　　　　　　D．创建一个使用图像的提交按钮

二、简答题

1．表单主要包含哪些元素？

2．表单的"属性"面板中的各项参数有什么含义？

三、操作题

为了让学生树立"绿色低碳，环保节约"的生活理念，学校建立了"旧书回收"网站，学生不仅可以轻松处理不需要的旧书还能获得"校园积分"。现该网站需要设计一个"旧书回收申请表"，学生可以在申请表中填写个人信息和书籍相关信息，包括书名、出版社、主编以及照片等信息。请利用本项目所学的表单相关知识完成该页面的设计和制作。

项目十

行为的应用

　　行为技术是 Dreamweaver 提供的一组制作网页动态交互的技术，如打开新窗口、弹出信息、交换图像、播放声音等。Dreamweaver 利用行为面板可以快速地制作动态效果的网页，无须用 JavaScript 或 Vbscript 脚本语言编写复杂的代码，即可实现某些特殊的功能。

▌项目一体化目标

◆　了解行为、动作、事件的基本概念；

◆　掌握"行为"面板的使用方法；

◆　在网页设计中灵活地使用行为事件；

◆　初步认识 JavaScript 语言；

◆　树立关心国家科技进步的意识，积极学习科学领域新知识，增强科技强国的民族自信心；

◆　通过本项目中网页的制作，认真领会案例中科技人物的典型事迹，传承勇于创新、精益求精的科学家精神。

任务一　认识行为

与静态网页不同，动态网页离不开行为，行为构成了动态网页的要素。掌握行为这一概念，为编写动态网页打下基础。

一、行为概述

行为是由一个事件和一个动作组合而成的，其本质是一段代码，这些代码放置在文档中执行特定的任务，在浏览器中通过事件触发，以实现网页的各种特殊的功能。

事件是浏览器生成的消息，也就是说访问者对网页的元素执行了某种操作。例如，当访问者将鼠标指针移动到某个链接上时，浏览器为该链接生成一个 onMouseOver 事件；然后浏览器调用相应的 JavaScript 代码。不同的网页元素定义了不同的事件，例如，在大多数浏览器中，onMouseOver 和 onClick 是与链接关联的事件，而 onLoad 是与图像和文档的 body 部分关联的事件。制作网页时常用事件如表 10.1 所示。

表 10.1　常用事件一览表

序号	事件名称	简单描述
1	onAbort	当访问者中断浏览器正在载入图像的操作时产生
2	onAfterUpdate	当网页中 bound（边界）数据元素已经完成源数据的更新时产生该事件
3	onBeforeUpdate	当网页中 bound（边界）数据元素已经改变并且就要和访问者失去交互时产生该事件
4	onBlur	当指定元素不再被访问者交互时产生
5	onBounce	当 marquee（选取框）中的内容移动到该选取框边界时产生
6	onChange	当访问者改变网页中的某个值时产生
7	onClick	当访问者在指定的元素上单击时产生
8	onDblClick	当访问者在指定的元素上双击时产生
9	onError	当浏览器在网页或图像载入产生错位时产生
10	onFinish	当 marquee（选取框）中的内容完成一次循环时产生
11	onFocus	当指定元素被访问者交互时产生
12	onHelp	当访问者单击浏览器的 Help（帮助）按钮或选择浏览器菜单中的 Help（帮助）选项时产生
13	onKeyDown	当按下任意键时产生
14	onKeyPress	当按下和松开任意键时产生。此事件相当于把 onKeyDown 和 onKeyUp 这两事件合在一起
15	onKeyUp	当松开按下的键时产生
16	onLoad	当图像或网页载入完成时产生
17	onMouseDown	当访问者按下鼠标时产生
18	onMouseMove	当访问者将鼠标在指定元素上移动时产生
19	onMouseOut	当鼠标从指定元素上移开时产生
20	onMouseOver	当鼠标第一次移动到指定元素时产生
21	onMouseUp	当鼠标弹起时产生

序号	事件名称	简单描述
22	onMove	当窗体或框架移动时产生
23	onReadyStateChange	当指定元素的状态改变时产生
24	onReset	当表单内容被重新设置为默认值时产生
25	onResize	当访问者调整浏览器或框架大小时产生
26	onRowEnter	当 bound（边界）数据源的当前记录指针已经改变时产生
27	onRowExit	当 bound（边界）数据源的当前记录指针将要改变时产生
28	onScroll	当访问者向上或向下滚动滚动条时产生
29	onSelect	当访问者选择文本框中的文本时产生
30	onStart	当 Marquee（选取框）元素中的内容开始循环时产生
31	onSubmit	当访问者提交表格时产生
32	onUnload	当访问者离开网页时产生

动作是由预先编写的 JavaScript 代码组成的，这些代码执行特定的任务，如打开浏览器窗口、显示或隐藏层、播放声音或停止 Macromedia Shockwave 影片。制作网页时常用动作如表 10.2 所示。

表 10.2　常用动作一览表

序号	动作名称	简单描述
1	弹出信息	弹出信息框
2	打开浏览器窗口	打开新的浏览器窗口
3	设置状态栏文本	在浏览器窗口底部左侧设置状态栏消息
4	播放声音	播放声音
5	显示-隐藏元素	显示或隐藏元素
6	转到 URL	在当前窗口或指定的框架中打开一个新网页
7	交换图像	交换图像
8	显示弹出菜单	为图像添加弹出菜单
9	检查插件	检查浏览器中已安装插件的功能
10	检查浏览器	检查浏览器的类型和型号
11	检查表单	检查表单内容的数据类型是否正确
12	设置导航栏图像	设置引导链接的动态导航条图像按钮
13	设置容器文本	设置容器中的文本
14	设置框架文本	设置框架中的文本
15	设置文本域文字	设置表单域内文本框中的文字
16	调用 JavaScript	调用 JavaScript 函数
17	跳转菜单	选择菜单实现跳转
18	跳转菜单开始	选择菜单后单击"Go"按钮实现跳转
19	预先载入图像	预装载图像，以改善显示效果
20	显示事件	在子菜单中选择浏览器，确定可执行的事件
21	拖动 AP 元素	拖动 AP 到目标位置
22	恢复交换图像	恢复交换图像
23	改变属性	改变对象的属性

二、认识行为面板

选择"窗口→行为"命令，打开"行为"面板，如图10.1所示。

图10.1 "行为"面板

单击"添加行为"按钮 **+** 可以添加行为，单击"删除事件"按钮 **−** 可以删除事件，单击向上或向下按钮可以调整行为的顺序。另外，在"行为"面板中还可以显示设置事件和显示所有事件。

任务二 添加行为与事件

Dreamweaver 提供了大量的行为，但为网页添加行为有着统一的规律，首先选择网页元素（对象），然后添加动作，最后调整事件。下面介绍在网页中添加行为的具体方法。

一、调用 JavaScript

单击"行为"面板中的"添加行为"按钮，在弹出的下拉列表中选择"调用 JavaScript"选项，打开"调用 JavaScript"对话框，如图10.2所示。

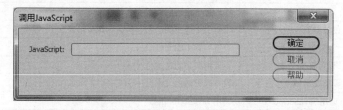

图10.2 "调用 JavaScript"对话框

在"JavaScript"文本框中输入系统自带的函数，或自己编写的函数，然后单击"确定"按钮，完成动作的设置。

二、弹出信息

弹出信息行为是网页中的元素由于某个事件的触发而产生的动作。例如，文档本身、表单、图像等页面元素受到某个事件（onLoad、onClick 等）的触发，产生弹出消息动作。具体操作步骤如下。

1）单击"设计"视图底部左侧的<body>标签，即选中整个页面，如图 10.3 所示。

图 10.3　选中<body>标签

2）打开"行为"面板，<body>标签出现在"行为"面板的标题栏中，如图 10.4 所示。

3）单击"添加行为"按钮 + ，在弹出的下拉列表中选择"弹出信息"选项，如图 10.5 所示，打开"弹出信息"对话框，在"消息"列表框中输入文本，然后单击"确定"按钮，给网页添加一个动作，如图 10.6 所示。

4）onLoad 事件为默认事件，也可通过下拉菜单选择其他事件，如图 10.7 所示。

图 10.4　显示<body>标签

图 10.5　"添加行为"下拉列表

图 10.6　"弹出信息"对话框

图 10.7　选择事件

三、打开浏览器窗口

在当前的浏览器窗口状态下，打开一个新的浏览器窗口。对于新的窗口，可以设置窗口大小、名称及是否有菜单等。利用这个行为，某些网站首页可以实现公告等功能。

单击"添加行为"按钮 ＋，在弹出的下拉列表中选择"打开浏览器窗口"选项，打开"打开浏览器窗口"对话框，如图 10.8 所示。

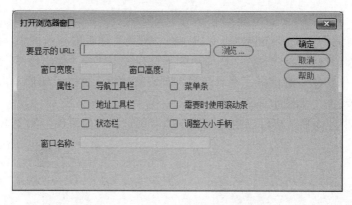

图 10.8　"打开浏览器窗口"对话框

"打开浏览器窗口"对话框中各选项的含义如下。

1）要显示的 URL：选择在新窗口中显示网页的 URL。

2）窗口宽度和窗口高度：设置窗口的大小。

3）属性：设置窗口的各种属性。

4）窗口名称：设置窗口的名称。

四、交换图像

交换图像用于实现网页中两幅图像交换显示。首先选中设计视图中的一幅图像，然后单击"行为"面板中的"添加行为"按钮 ＋，在弹出的下拉列表中选择"交换图像"选项，打开"交换图像"对话框，如图 10.9 所示。

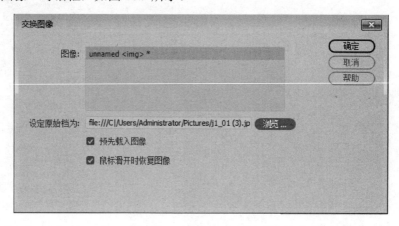

图 10.9　"交换图像"对话框

"交换图像"对话框中各选项的含义如下。

1)"图像"列表框：设置图像名称。

2)"设定原始档为"文本框与"浏览"按钮：输入或选择将要更换的图像。

3)"预先载入图像"复选框：选中该复选框后，可以预载入图像，起到缓存作用，能更快地显示图像，避免较长的迟钝感。

扫码学习
改变属性
行为的应用

学习
显示/隐藏元素
行为的应用

项 目 引 导

制作"中国科技最前沿"网页

▌项目概述

本项目网页选自中国科技网，该网页展示了中国各科技领域的最新动态，文字摘要和图像相互配合，布局合理、大方简约，能够直观展示中国近几年的科技发展，让浏览者感受到科技强国的力量。

该网站突出行为技术，实现动态网页效果，涉及预先载入图像、打开浏览器窗口两种行为。

扫码学习
制作"中国科技最
前沿"网页

▌项目实施

1. 建立站点及网页

1）在 E 盘建立站点目录 Project10.1，站点名称为"中国科技最前沿"，如图 10.10 所示。

2）将项目引导素材文件夹中的文件复制到 E:\Project10.1 目录下，在 Dreamweaver CC 2019 中打开"index.html"首页文件，如图 10.11 所示。

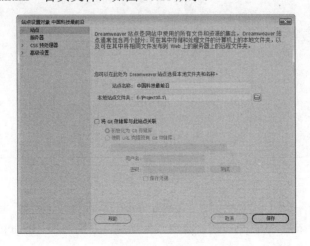

图 10.10　站点定义

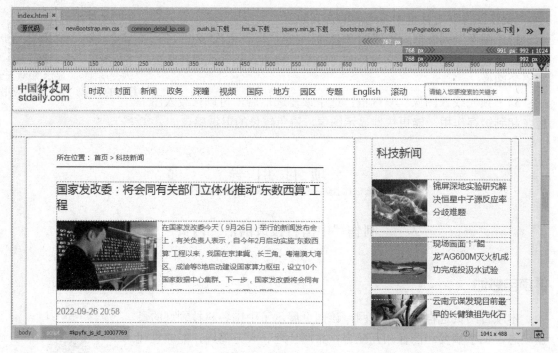

图 10.11　站点首页文件

2.　设置预先载入图像动作

为了使网页内的图像显示流畅，采用"预先载入图像"动作，将网页内的图像预先下载到用户浏览器的文件缓存区中。

1）首先选中网页文档左侧底部的\<body\>标签，然后单击"行为"面板中的"添加行为"按钮 +.，在弹出的下拉列表中选择"预先载入图像"选项，打开"预先载入图像"对话框，如图 10.12 所示。

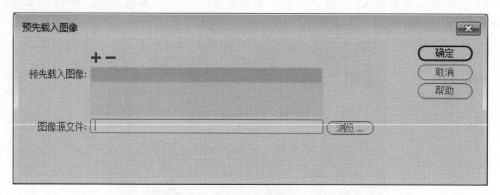

图 10.12　"预先载入图像"对话框

2）单击"浏览"按钮，打开路径"files/images/"，选择"01.jpg"图像，单击"确定"按钮。然后单击对话框上方的 + 按钮，添加其他项目，分别添加"02.jpg""03.jpg""04.png"三张图像，如图 10.13 所示。

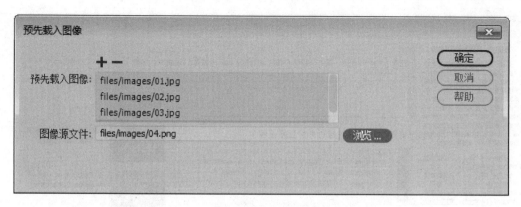

图 10.13　添加图像

3）单击"确定"按钮，完成"预先载入图像"动作的设置。

3. 设置打开浏览器窗口动作

1）制作一个 HTML 文档 tonggao.html，保存在"files"文件夹内。

2）首先选中网页文档左侧底部的<body>标签，然后单击"行为"面板中的"添加行为"按钮 +，在弹出的下拉列表中选择"打开浏览器窗口"选项，打开"打开浏览器窗口"对话框，设置"要显示的 URL"为"files/tonggao.html"，"窗口宽度"为 300，"窗口高度"为 400，"窗口名称"为"科技大讲堂通告"，并设置窗口属性，如图 10.14 所示。

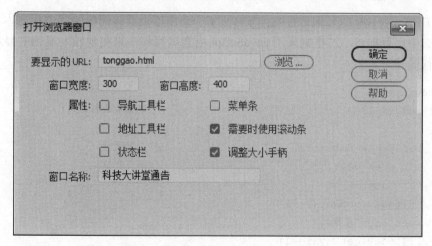

图 10.14　"打开浏览器窗口"对话框

3）修改行为的触发事件为"onClick"事件，单击"确定"按钮，完成"打开浏览器窗口"动作的设置。在谷歌浏览器中打开页面，在页面单击鼠标，弹出"科技大讲堂"浏览器窗口，效果如图 10.15 所示。

图 10.15　预览效果

4. 设置状态栏文本动作

利用 Dreamweaver CC 2019 的"状态栏文本"动作可设置较简单的状态栏文本，在项目十的任务二中已有描述。这里则采用 JavaScript 语言编写程序来实现较为复杂的显示日期功能。具体代码如下。

```
<script>
function bb()                           //定义函数名 bb()
{
  today=new Date();                     //变量赋值
  var week_day;                         //定义变量
  var date;
  if(today.getDay()==0)
  week_day="星期日"
  if(today.getDay()==1)
  week_day="星期一"
  if(today.getDay()==2)
  week_day="星期二"
  if(today.getDay()==3)
  week_day="星期三"
  if(today.getDay()==4)
  week_day="星期四"
  if(today.getDay()==5)
  week_day="星期五"
```

```
  if(today.getDay()==6)
  week_day="星期六"
date=(today.getYear()-100)+"年"+(today.getMonth()+1)+"月"+today.
getDate()+"日";
  h=today.getHours()
  m=today.getMinutes()
  s=today.getSeconds()
    if(h<=9)  h="0"+h
  if(m<=9)  m="0"+m
  if(s<=9)  s="0"+s
  time=h+":"+m+":"+s
  window.status=date+week_day+""+time     //将日期时间赋值给窗口状态栏
  setTimeout("bb()",500)                  //定时刷新状态栏
}
bb()
</script>
```

在"代码"视图中，将以上代码输入<head></head>之间，即嵌入 HTML 文档中。在浏览器左下端最终显示效果如图 10.16 所示。

图 10.16　最终显示效果

项 目 实 训

制作"最美航天人"网站

▌实训目的

1）掌握"弹出信息"行为的设置方法。

2）掌握设置网页字体大小的方法。

3）参考本实训提示，自己创新，设计出风格独特的网页。

扫码学习

制作"最美航天人"网站

▌实训提示

该实训项目选自中国航天科技集团有限公司网站。

1）在 E 盘建立站点目录 Project10.2，站点名称为"最美航天人"，如图 10.17 所示。

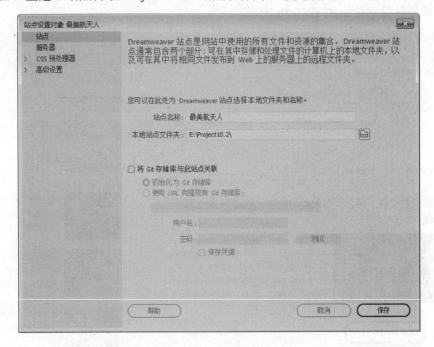

图 10.17 站点定义

2）将项目实训素材文件夹中的文件复制到 E:\myproject10.2 目录下，在 Dreamweaver CC 2019 中打开 index.html 文件。

3）单击"设计"视图中底部左侧的<body>标签，打开"行为"面板，单击"添加行为"按钮 +，在弹出的下拉列表中选择"弹出信息"选项，打开"弹出信息"对话框。设置"消息"为"感谢您关心和关注中国航天事业！"，如图 10.18 所示。

图 10.18　设置弹出信息

4）单击"确定"按钮，在 Chrome 浏览器中预览弹出消息框的效果，如图 10.19 所示。

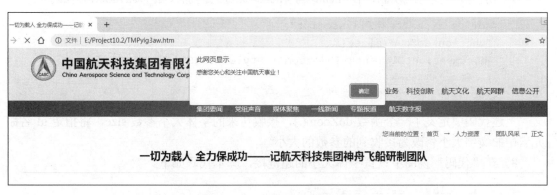

图 10.19　弹出消息框的效果

5）选中正文中第一张图像，单击"行为"面板上的"添加行为"按钮 +，在弹出的菜单中选择"交换图像"命令，在弹出的"交换图像"对话框中单击"浏览"按钮，将 files/images/11.jpg 设置为交换图像，勾选"鼠标滑开时恢复图像"复选框，如图 10.20 所示，单击"确定"按钮，系统将自动生成"恢复交换图像"和"交换图像"两个行为，两个行为默认的触发事件分别为"onMouseOut"和"onMouseOver"，如图 10.21 所示。

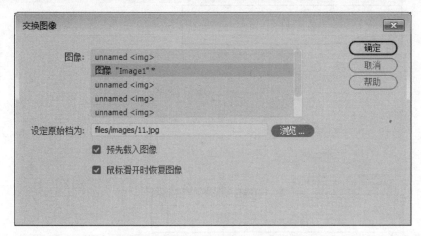

图 10.20　"交换图像"对话框

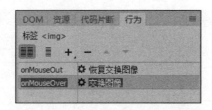

图 10.21 交换图像"行为"面板

6）保存并浏览网页，当鼠标指向网页中的第一张图像时，图像将改变，鼠标离开又恢复为原来的图像。

7）切换到"代码"视图，在<head>与</head>标签之间加入如下 JavaScript 代码。

```
<script type="text/javascript">
 function doZoom(size){
  document.getElementById('zoom').style.fontSize=size+'px';
 }
</script>
```

上述代码中定义了一个函数 doZoom( )，接收传来的字体大小参数 size，将指定 id 名称元素中的文字大小修改为接收到的参数的大小。

8）在"代码"视图中设置字体大小的超链接，脚本代码如下。

```
<div class="article_attr">
   字体：【<a onclick="doZoom(20)" style="cursor:pointer">大</a>】
        【<a onclick="doZoom(16)" style="cursor:pointer">中</a>】
        【<a onclick="doZoom(12)" style="cursor:pointer">小</a>】
</div>
```

9）在"代码"视图中设置字体大小的代码，如图 10.22 所示。

```
index.html ×
源代码   2000778.css
27  <script type="text/javascript">
28   function doZoom(size){
29    document.getElementById('zoom').style.fontSize=size+'px';
30   }
31  </script>
32  </head>
33  <body onLoad="MM_popupMsg('感谢您关心和关注中国航天事业！')">
34   <!--start component HTML组件(20WZ_head1)-->
35   <script type="text/JavaScr...
45   <style> .header_search{flo...
49   <div class="header" > <div...
54   <script type="text/javascript" src="files/1982167.js.下载"></script>
55   <!--end component HTML组件(20WZ_head1)-->
56   <!--start component HTML组件(19_header2)-->
57   <script language="JavaScri...
76   <dfv class="nav"> <div cla...
206  <style> .header{height:116...
222  <!--end component HTML组件(19_header2)-->
223  <div class="olist">
224      <div class="common_wrap">
225   <!--start component 当前路径(location)-->
226   <div class="article_locati...
234   <!--end component 当前路径(location)-->
235   <!--start component 文章组件(content)-->
236   <div class="article_title">一切为载人 全力保成功--记航天科技集团神丹飞船研制团队</div>
237   <div class="article_attr">
238      字体：【<a onclick="doZoom(20)" style="cursor:pointer">大</a>】
239           【<a onclick="doZoom(16)" style="cursor:pointer">中</a>】
240           【<a onclick="doZoom(12)" style="cursor:pointer">小</a>】
241      </div>
body                                    HTML    INS  44:10
```

图 10.22 在"代码"视图中插入代码

10）保存页面，在 Chrome 浏览器中打开网页，效果如图 10.23 所示。分别单击"小""中""大"超链接，测试网页字体变化效果。

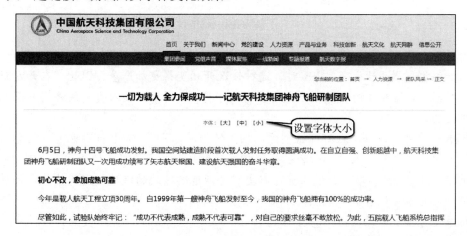

图 10.23 设置字体大小效果

项 目 拓 展

JavaScript 简介

根据 W3C 标准，一个网页主要由三部分组成：结构（HTML）、表现（CSS）和行为（JavaScript）。HTML 用于描述页面的结构；CSS 用于控制页面元素的样式，而 JavaScript 用于对用户行为编程。行为是一种运行在浏览器中的 JavaScript 代码，是事件和动作的结合。

JavaScript 是一种属于网络的高级脚本语言，已经被广泛用于 Web 应用开发，常用来为网页添加各式各样的动态功能，为用户提供更流畅美观的浏览效果。通常，JavaScript 脚本是通过嵌入在 HTML 中来实现自身的功能的。其源代码在发往客户端运行之前不需经过编译，而是将文本格式的字符代码发送给浏览器由浏览器解释运行。

在网页源代码中，JavaScript 代码通过使用<script></script>标签可以在<head>、<body>、外部文件或者外部 URL 中编写和引用，可以通过 Dreamweaver 的"代码"视图进行查看。JavaScript 源代码大致分为两部分，一部分是函数定义，另一部分是函数调用。如图 10.24 所示代码展示了在<head>标签中编写 JavaScript 的例子。

```
<!DOCTYPE html>
<html>
<head>
<script>
function myFunction() {
    document.getElementById("demo").innerHTML = "勇于创新，精益求精";
}
</script>
</head>
```

图 10.24 JavaScript 代码举例

岗位知识链接

了解 Web 标准

由于存在不同的浏览器版本，Web 开发者常常需要为耗时的多版本开发而艰苦工作。当手机和微浏览器用于浏览 Web 时，这种情况开始变得更加严重。因此，在开发新的应用程序时，浏览器开发商和站点开发商共同遵守标准。对于开发人员和最终用户而言都是非常重要的。

Web 标准可确保每个人都有权利访问相同的信息。同时，Web 标准也可以使站点开发更快捷，更轻松。开发人员不必为了得到相同的结果而忙于多版本的开发。一旦 Web 开发人员遵守了 Web 标准，开发人员可以更容易地理解彼此的编码，团队协作也将得到简化。另外，标准化还有如下优点。

标准化可增加网站的访问量。

标准的 Web 文档更易被搜索和准确地索引。

标准的 Web 文档更易转换格式和被程序代码访问（比如 JavaScript 和 DOM）。

项 目 小 结

本项目讲解了行为、动作、事件的基本概念和"行为"面板的基本操作，通过具体的操作，讲解了行为的应用方法。在"项目引导""项目实训"中涵盖了常用行为的应用实例，读者应仔细研究，灵活运用到自己制作的网页中，真正学会行为的应用。

思考与练习

一、选择题

1. 在 Dreamweaver 中，打开"行为"面板的快捷键是（　　）。

A．Ctrl+F4　　　　B．Shift+F4　　　　C．Ctrl+F3　　　　D．Alt+F3

2. 事件中对应鼠标的操作是（　　）。

A．onKeyUp　　　　B．onError　　　　C．onReset　　　　D．onClick

3. JavaScript 脚本语言可以从 HTML 文档中分离出来而成为独立的文件，其默认的文件扩展名是（　　）。

A．.jav　　　　B．.sc　　　　C．.js　　　　D．.jas

4．"行为"包括（　　）两部分。

A．动作与脚本　　　　　　　　　B．事件与脚本

C．动作与事件　　　　　　　　　D．事件与时间轴

二、简答题

1．什么叫事件？用户按下键盘中的任何键将触发哪些事件？

2．什么叫动作？试列举三个具体动作名称及其作用。

3．什么是 Web 标准？Web 标准有哪些优点？

三、操作题

我国一些关键核心技术实现突破，战略性新兴产业发展壮大，载人航天、探月探火、深海深地探测、超级计算机、卫星导航、量子信息、核电技术、大飞机制造、生物医药等取得重大成果，进入创新型国家行列。

请选择上述一个科技领域，上网搜集资料，设计制作一个专题页面，并将"显示-隐藏元素""转到 URL"的行为添加到网页中。

项目
十一

移动 Web 设计

移动网站源于 WebApp 和网站的融合创新，兼容 iOS、Android 等各大操作系统，可以方便地与微信、微博等应用链接，是适应移动客户端浏览市场的新一代网站。移动网站通常采用 HTML5 技术，运用 Div+CSS 布局，使用 jQuery Mobile 实现动态、交互效果，具有吸引力和有短小精悍的特点。手机端网站就是典型的移动网站，也是移动互联网发展的趋势。

项目一体化目标

◆ 了解移动互联网的概念和发展趋势；
◆ 掌握移动网站相关基础知识以及开发、调试工具的使用方法；
◆ 通过实际项目，学会制作简单的移动网站；
◆ 通过本项目案例的制作，树立正确的职场观念，有意识地提升自身的职业素养。

任务一　认识移动 Web

通过本任务，了解移动互联网的发展趋势，重点了解 HTML5 开发移动 Web 的优势。

一、移动互联网简介

1. 移动互联网的定义

移动互联网是互联网与移动通信各自独立发展后互相融合的新领域，目前呈现出互联网产品移动化、移动产品互联网化的快速发展趋势。

从技术层面来定义，移动互联网是指以宽带 IP 为技术核心，可以同时提供语音、数据和多媒体业务的开放式基础电信网络；从终端来定义移动互联网是指用户使用手机、上网本、笔记本式计算机、平板式计算机、智能本等移动终端，通过移动网络获取移动通信网络服务的互联网。

移动互联网的核心是互联网，因此一般认为移动互联网是桌面互联网的补充和延伸，桌面互联网的应用和内容仍是移动互联网的根本。

2. 移动互联网的特点

虽然移动互联网与桌面互联网共享着互联网的核心理念和价值观，但移动互联网有实时性、隐私性、便携性、准确性、可定位的特点，日益丰富的智能移动装置是移动互联网的重要组成部分。移动互联网的特点可以概括为以下几点。

1）终端移动性：移动互联网业务使得用户可以在移动状态下接入和使用互联网服务，移动的终端便于用户随身携带和随时使用。

2）业务使用的私密性：在使用移动互联网业务时，所使用的内容和服务更私密，如手机支付业务。

3）终端和网络的局限性：移动互联网业务在为用户提供便捷的同时，也受到了来自网络能力和终端能力的限制。在网络能力方面，受到无线网络传输环境、技术能力等因素限制；在终端能力方面，受到终端大小、处理能力、电池容量等的限制。无线资源的稀缺性决定了移动互联网必须遵循按流量计费的商业模式。

3. 移动互联网的发展趋势

近年来，移动网络的普及，包括 Wi-Fi、5G 网络等在大中小城市以及一些乡镇农村的覆盖率不断扩大，为移动互联网的快速发展打下了良好的基础。另外，智能移动终端设备销量大增，尤其是智能手机、平板式计算机、智能可穿戴设备的持续热销使移动互联网可以轻松连接到每一个智能终端的用户。而安卓系统的开放性又让移动应用软件得以实现快速的发展，在内容层面对移动互联网的发展形成了良好的支撑。此外，微信、QQ 等移动社交工具的普及对移动互联网的发展也具有明显的促进作用。移动互联网发展趋势还包括以下两个方面。

（1）移动互联网与硬件的结合更为紧密

智能可穿戴设备、智能家居、智能工业等行业将在各种利好因素刺激下继续保持快速发展。智能硬件是移动互联网与传统制造业相交汇的产物，多个智能硬件间也将通过 App 来实现在互联网上的互联互通，从而实现物联网。

（2）移动互联网将进一步推动场景变化

由于移动互联网用户使用的互联网工作场景、消费场景发生了变化，带动了移动互联网实现族群变化，进而带来互联网应用的多元化发展。在医疗、汽车、旅游和教育市场，以场景为导向的细分市场创新正在不断地激活各垂直细分市场，如时空场景、客群活动场景。在生活服务领域，随着不同使用场景的细化，移动互联网将快速向深度和广度变化，从而增加了各个不同场景中应用的发展空间。

岗位知识链接

了解移动 Web 开发岗位职责

移动 Web 开发岗位主要分前端和后端，从事移动 Web 开发工作除了需要掌握移动 Web 开发相关标准和技术之外，还应根据岗位职责从日常训练中提升自己，具体如下。

1）参与项目的用户研究、分析，并根据结果改进设计，优化 Web 产品的易用性，改善用户体验。

2）理解不同浏览器之间的差异，完成跨浏览器开发，从而实现产品良好的兼容性。

3）持续优化页面体验和访问速度，并保证前后端功能协调、流畅。

另外，作为开发人员要善于交流，具有良好的团队协作能力和敬业精神。

二、jQuery Mobile 简介

jQuery Mobile 是一个用户界面框架，使用 jQuery Mobile 编写一个有效的移动 Web 应用程序用户界面，不必编写任何 JavaScript 代码。

jQuery Mobile 框架构建于 jQuery 内核之上，提供多个功能，包括 HTML 和 XML 文档对象模型（DOM）的操控、处理事件、使用 Ajax 执行服务器通信，以及用于 Web 页面的动画和图像效果。这个移动框架本身是独立于 jQuery 内核（缩小或压缩后大约 25KB）的一个额外下载库（缩小或压缩后大约 12KB）。与 jQuery 框架的其余部分一样，jQuery Mobile 是一个免费的、双许可库。

jQuery Mobile 的基本特性包括以下几方面。

1）一般简单性：此框架简单易用。页面开发主要使用标记，无须或仅需很少的 JavaScript。

2）持续增强和优雅降级：尽管 jQuery Mobile 利用最新的 HTML5、CSS3 和 JavaScript，但并非所有移动设备都提供这样的支持。jQuery Mobile 支持高端设备和低端设备，如那些没有 JavaScript 支持的设备，尽量提供最好的体验。

3）访问能力：jQuery Mobile 在设计时考虑了访问能力，它能够帮助使用辅助技术的残

障人士访问 Web 页面。

4）小规模：jQuery Mobile 框架的整体规模比较小，JavaScript 库为 12KB，CSS 为 6KB，还包括一些图标。

5）主题设置：此框架还提供一个主题系统，可以提供自己的应用程序样式。

任务二　开发移动 Web

"工欲善其事，必先利其器"，开发移动网站首先选择开发工具，Dreamweaver 作为可视化开发工具，其高版本都提供了移动 Web 的开发功能，如 Dreamweaver CC 2019。熟知 Dreamweaver 多屏幕设计、HTML5 布局是开发移动网站的第一步；另外，采用 Chrome 浏览器作为调试工具，也是开发人员必须掌握的技能。

此外，还需掌握智能终端屏幕宽度及缩放、物理像素和逻辑像素等开发移动 Web 的相关概念。

一、移动网站开发工具

目前移动 Web 网站开发工具越来越多，其中 Dreamweaver CC 2019 作为可视化网页制作工具，所见即所得，长期以来受到用户的欢迎。例如，Dreamweaver CC 2019 多屏幕设计功能就很受欢迎。

多屏幕面板通过使用 CSS 媒体查询功能，简化具有不同屏幕分辨率的设备页面布局的创建过程。单击"多屏幕"下拉按钮，在弹出的下拉列表中可选择不同分辨率的设备，如图 11.1 所示，选择其中一个选项能够缩放文档窗口的视口（viewport）。当前值能够将桌面、平板式计算机和智能手机的最常见尺寸作为目标尺寸，但也可以通过单击菜单底部的"编辑大小"按钮自己定义尺寸，如图 11.2 所示。

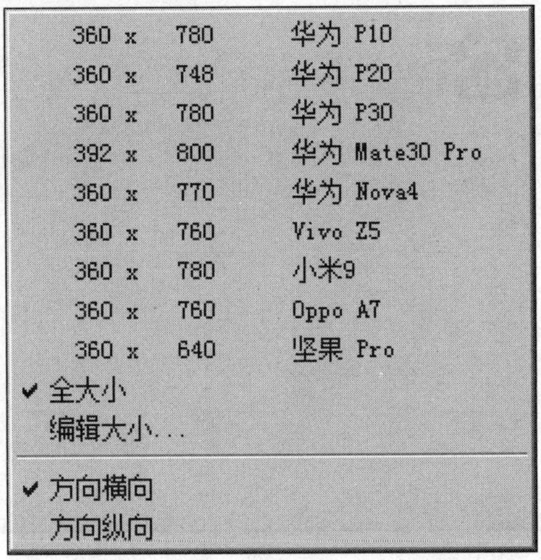

360 x	780	华为 P10
360 x	748	华为 P20
360 x	780	华为 P30
392 x	800	华为 Mate30 Pro
360 x	770	华为 Nova4
360 x	760	Vivo Z5
360 x	780	小米9
360 x	760	Oppo A7
360 x	640	坚果 Pro

✔ 全大小
编辑大小...

✔ 方向横向
方向纵向

图 11.1　"多屏幕"下拉列表

窗口大小 (W):	宽度	高度	描述
	360	780	华为 P10
	360	748	华为 P20
	360	780	华为 P30
	392	800	华为 Mate30 Pro
	360	770	华为 Nova4
	360	760	Vivo Z5
	360	780	小米 9
	360	760	Oppo A7
	360	640	坚果 Pro

图 11.2 自定义窗口大小

现在文档窗口能够对 CSS 媒体查询进行响应，并且基于该视口的宽度应用不同的式样规则。因此，快速和准确地调整窗口大小的能力在设计多屏幕分辨率时是必不可少的。当与实时视图组合使用时，该视口允许查看在不同屏幕分辨率下的网站的外观，如图 11.3 所示。

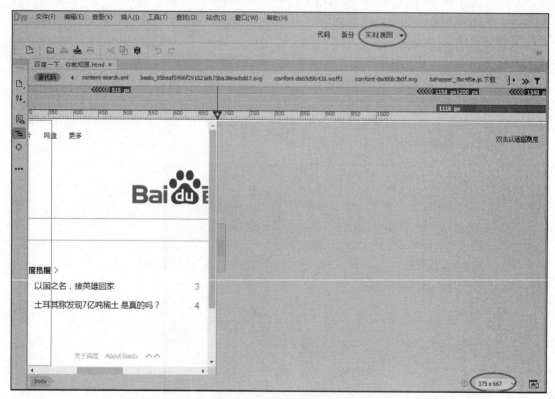

图 11.3 实时视图效果

概念重述

CSS 媒体查询

媒体查询包含了一个媒体类型和至少一个使用如宽度、高度和颜色等媒体属性来限制样式表范围的表达式。CSS 加入的媒体查询使得无须修改内容便可以使样式应用于某些特定的设备范围。实例代码如下。

```
<!-- link 元素中的 CSS 媒体查询：example.css 文件用于宽度为 800 像素的设备 -->
<link rel="stylesheet" media="(max-width: 800px)" href="example.css" />
<!-- 样式表中的 CSS 媒体查询 -->
<style>
@media (max-width: 600px) {
  .facet_sidebar {
    display: none;
  }
}
</style>
```

二、Chrome 移动端模拟

移动网站设计完成后，需要测试移动网站的效果，但移动端手机设备多样，如果都要在这些移动设备中测试，工作量十分巨大。使用 Chrome 的仿真移动模拟器，对每个移动设备进行模拟，可以达到事半功倍的效果。

Chrome 32 发布以后，开发者工具中新增了一个工具——移动仿真器（mobile emulation）。这个工具是为移动设备响应式设计测试而开发的。

1. 开启移动模拟模式

若要打开该工具，首先打开一个网页，然后采用以下任何一种方法即可。

1）按 F12 键。

2）选择网页右上角的"更多工具→开发者工具"命令。

3）右击网页，在弹出的快捷菜单中选择"检查"命令。

在开发者工具的最上面，会看到一个像手机的新按钮，如图 11.4 所示，单击它可开启移动模拟模式。

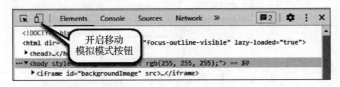

图 11.4 开启移动模拟模式

2. 设备设置

在移动模拟模式界面的左上角，设备设置选项中有系统预设的设备可供模拟，也可以通过下拉列表中的"编辑"选项，增加或修改设备参数。主要参数如下。

1）屏幕分辨率。

2）横向和纵向旋转。

3）设置像素比。

4）在可视化区域缩放、全屏操作。

选择一种移动设备，并设置相关参数，如图 11.5 所示。

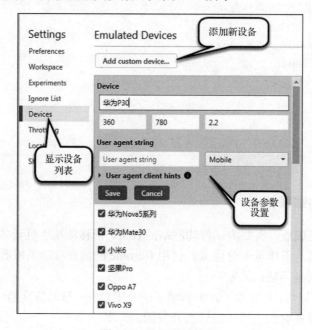

图 11.5 选择移动设备

3. 网络设置

在网络设置（Network）中可以设置网路速度从离线（Offline）到未开启省电状态（No Throttling），观察网站加载速度的快慢。

在 Network 下，可以手动设置代理，也可以观察网站反应速度，如图 11.6 所示。

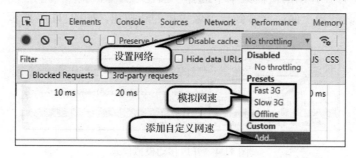

图 11.6 网络设置

三、移动网站屏幕宽度及缩放

做移动网站，必须要了解屏幕宽度及缩放问题。首先在网页的<head> 标签之间增加一个<meta>标签，添加代码如下。

```
<meta name="viewport" content="width=device-width, initial-scale=1.0,
minimum-scale=1.0, maximum-scale=1.0,user-scalable=no">
```

1）窗口设定：name="viewport"。
2）页面大小屏幕等宽：width=device-width。
3）初始缩放比例：initial-scale=1.0，1.0 表示原始比例大小。
4）允许缩放的最小比例：minimum-scale=1.0。
5）允许缩放的最大比例：maximum-scale=1.0。
6）用户是否可以缩放：user-scalable=no，这里"no"表示不可以。

其中，允许缩放的最大、最小比例其实就已经限制了无法缩放，和"用户是否可以缩放"有同样的功能。因为不同的手机，分辨率一般不同，图像一定要能够自适应等比例缩放，才能保证布局的正确性。在 CSS 样式文件中，图像样式代码如下。

```
img { display: block; max-width: 100%; }
```

设置 max-width 为 100%后，图像开始自适应等比例缩放。

岗位知识链接

了解移动 Web 开发的视口概念

移动 Web 主要指运行在移动端的 Web 页面。我们开发的网页在不同的手机上若想展示效果一致，必然不是为每一种型号手机都开发一套页面，而是要尽可能地能适配所有型号手机。因此作为开发人员必须了解视口相关概念，才能更好地进行移动端的布局和规划。

视口就是浏览器显示页面内容的屏幕区域。视口可以分为布局视口、视觉视口、理想视口。

（1）布局视口（layout viewport）

一般移动设备的浏览器都默认设置了一个布局视口，用于解决早期的 PC 端页面在手机上显示的问题。iOS、Android 基本都将这个视口分辨率设置为 980 像素，所以 PC 上的网页大多都能在手机上呈现，只不过元素看上去很小，一般默认可以手动缩放网页。

（2）视觉视口（visual viewport）

视觉视口是用户正在看到的网站的区域。

（3）理想视口（ideal viewport）

不同的手机屏幕宽度不一样，因此需要一个理想视口。

通过 meta 视口标签通知浏览器操作就可以实现：布局视口 = 视觉视口 = 手机屏幕的宽度= 理想视口。可以通过缩放去操作视觉视口，但不会影响布局视口，布局视口仍保持原来的宽度。最理想的视口设置如下。

```
<meta name="viewport" content="width=device-width, user-scalable=no,
initial-scale=1, maximum-scale=1, minimum-scale=1" />
```

四、物理分辨率和逻辑分辨率

通俗地说，物理分辨率是硬件所支持的，逻辑分辨率是软件可以达到的。物理尺寸是指屏幕的实际大小，大的屏幕必须要配备高分辨率，也就是在这个尺寸下可以显示多少像素，显示的像素越多，可以表现的余地就越大。

移动端设备多种多样，如"华为 Mate30"的物理分辨率（物理尺寸）为 1080×2340 像素，逻辑分辨率为 360×780 像素，而"Oppo A7"的物理分辨率（物理尺寸）为 720×1520 像素，逻辑分辨率为 360×760 像素，由以上数据可以看出前者的物理分辨率为逻辑分辨率的 3 倍，而后者则是 2 倍的关系，它们之间是倍率的关系，如表 11.1 所示。

表 11.1　屏幕尺寸对照表

物理分辨率	逻辑分辨率	倍率
720×1520 像素	360×760 像素	2.0
1080×2340 像素	360×780 像素	3.0
1440×3120 像素	360×780 像素	4.0

实际像素除以倍率，就得到逻辑像素尺寸。只要两个屏幕逻辑像素相同，它们的显示效果就是相同的。因此，设计移动端网页时通常采用逻辑像素。

注意

为了增强手机的视觉体验，目前主流的手机屏幕的倍率为 3。对于 2 倍屏幕，若倍率为 2，其逻辑像素是最小的，图像的尺寸可以保持在较小的水平，页面加载速度快。但在倍率为 3 或 4 的设备上查看，图像不清晰。如果追求图像质量，愿意牺牲加载速度，那么可以按照最大的屏幕来设计，如"华为 P30"屏幕的倍率为 3、逻辑像素为 360 × 780 像素。

任务三　利用 jQuery Mobile 创建移动端网页

jQuery 是 Dreamweaver CC 制作移动 Web 项目的主力插件，jQuery Mobile 主要用于主题设计、网页设计及换页实践等应用场景。jQuery Mobile 元素主要包括页面、列表视图、布局网格、可折叠区块、文本、密码、文本区域、选择、复选框、单选按钮、按钮、滑块和翻转切换开关等。掌握这些元素的应用是设计移动网页界面的首要任务。

一、创建 jQuery Mobile 页面

图 11.7 "页面"组件

1）选择"文件"→"新建"命令，创建一个 HTML5 空白页。由于 jQuery Mobile 组件使用 HTML5 特有的属性，因此要选择 HTML5 作为文档类型。

2）选择"插入→jQuery Mobile→页面"命令，或在图 11.7 所示"插入"面板中，从下拉菜单中选择"jQuery Mobile"选项，并将"页面"组件拖入"设计"视图中。

3）打开"jQuery Mobile 文件"对话框如图 11.8 所示。单击"确定"按钮，打开 jQuery Mobile"页面"对话框，如图 11.9 所示，可设置页面的 ID、标题和脚注。

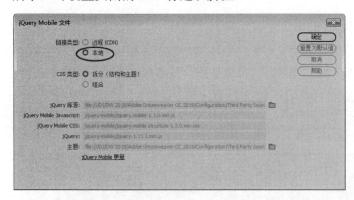

图 11.8 "jQuery Mobile 文件"对话框

图 11.9 jQuery Mobile "页面"对话框

4）单击"确定"按钮，jQuery Mobile 页面显示在设计视图中，如图 11.10 所示。

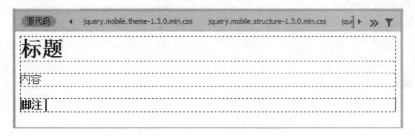

图 11.10 设计视图中的 jQuery Mobile 页面

二、创建列表视图

jQuery Mobile 列表在移动 Web 设计中经常用到，列表分为有序列表和无序列表，有序列表较少使用。列表从外观上看，包括带图标的列表、图文列表、可折叠列表、带分隔的列表及父子列表。在"设计"视图中，将光标放在要插入组件的位置，然后在"插入"面板中单击该组件。在出现的对话框中，使用各个选项自定义组件。

将光标定位到设计视图的"内容"处，单击"插入"面板中的"列表视图"组件，如图 11.11 所示。打开的 jQuery Mobile "列表视图"对话框，如图 11.12 所示。

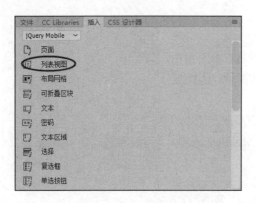

图 11.11　jQuery Mobile "列表视图" 组件　　图 11.12　jQuery Mobile "列表视图" 对话框

对话框中的各参数意义如下。

① 列表类型：包括 "无序" "有序" 两种类型。

② 项目：列表视图项目个数。

③ "凹入" "文本说明" "文本气泡" "侧边" "拆分按钮" 复选框：选择不同的复选框，列表会显示不同的外观样式。

④ 拆分按钮图标：默认值。

设置参数完毕，单击 "确定" 按钮，列表视图添加内容区域，如图 11.13 所示。

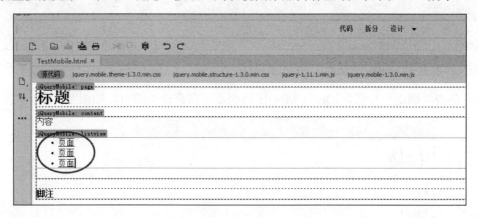

图 11.13　"设计" 视图中的列表视图

> **注意**
>
> "页面" 组件充当所有其他 jQuery Mobile 组件的容器，应先添加 "页面" 组件，然后再继续插入其他组件。

三、创建 jQuery Mobile 布局网格

移动终端的屏幕通常较小，很少采用多栏布局的方法，但有时会将小的元素如按钮、导航标签并排放置，需要进行布局。jQuery Mobile 框架提供了一种简单的分栏布局方法 ui-grid，

216

即布局表格。

1）将光标定位到设计视图的合适位置，单击"插入"面板中的"布局网格"组件，如图 11.14 所示。

2）打开 jQuery Mobile "布局网格"对话框，如图 11.15 所示。设置 2 行 2 列布局网格，单击"确定"按钮，内容区域显示布局网格，如图 11.16 所示。

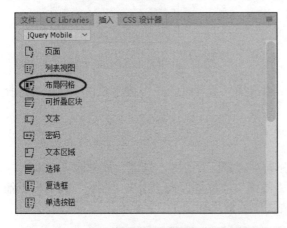

图 11.14　jQuery Mobile "布局网格"组件　　　图 11.15　jQuery Mobile "布局网格"对话框

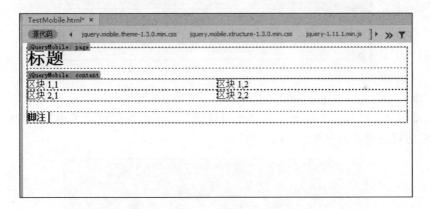

图 11.16　布局网格效果

四、创建 jQuery Mobile 按钮

在移动设备上，按钮是最常用的一种交互组件，添加按钮的操作步骤如下。

1）将光标定位到设计视图的合适位置，单击"插入"面板中的"按钮"组件，如图 11.17 所示。打开的 jQuery Mobile "按钮"对话框如图 11.18 所示。

"按钮"对话框中的各参数意义如下。

① 按钮：可选择按钮数量。

② 按钮类型：有"链接""按钮""输入"三种选项。

③ 输入类型：当按钮类型为"输入"类型时，可选择"按钮""提交""重置""图像"。其他类型默认为"按钮"。

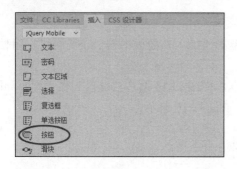
图 11.17　jQuery Mobile "按钮" 组件

图 11.18　jQuery Mobile "按钮" 对话框

④ 位置：包括 "组" 和 "内联" 两种。当选择 "组" 时，一个按钮独占一行；当选择 "内联" 时，按钮与按钮在同一行。

⑤ 布局：分为 "垂直" "水平" 两种方式。

⑥ 图标：可以为按钮选择不同的图标。

⑦ 图标位置：图标在按钮中的位置可分为左对齐、右对齐、顶端、底部和无文本。

2）设置 "按钮" 为 3，"按钮类型" 为 "链接"，"位置" 为 "组"，"图标" 为 "向上箭头"，单击 "确定" 按钮，三个按钮在设计视图中的效果如图 11.19 所示。

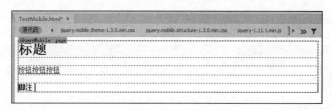
图 11.19　jQuery Mobile "按钮" 在设计视图中的效果

3）切换到 "实时视图" 页面。在 "实时视图" 右下端选择尺寸大小为 "375×667"，三个按钮在实时视图中的效果如图 11.20 所示。

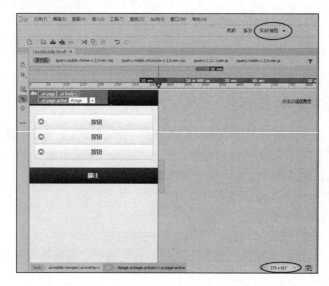
图 11.20　jQuery Mobile "按钮" 在实时视图中的效果

4）打开"代码"视图，在<meta>标签内添加如下代码。

```
<meta charset="utf-8" name="viewport"
content="width=device-width,initial-scale=1" />
```

5）单击右下角"预览"按钮 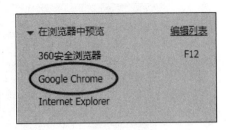，在弹出菜单中选择"Google Chrome"选项，如图 11.21 所示。

图 11.21 选择谷歌浏览器预览

6）打开网页后按 F12 键，在左上端"Dimensions"下拉列表中选择"华为 Mate30"选项，如图 11.22 所示。浏览移动 Web 效果如图 11.23 所示。

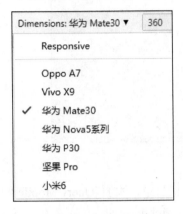

图 11.22 选择尺寸

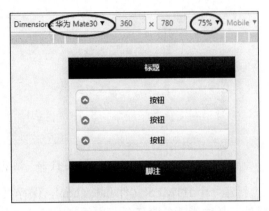

图 11.23 jQuery Mobile "按钮"在华为 Mate30 中的效果

项 目 引 导

制作移动网站"用户注册"页面

■ 项目概述

通过网上求职是互联网时代最有效、最便捷的求职方式。网站注册是网上求职的第一步，注册不同的求职网站能够获取更多的求职信息和机会。移动网站的注册页面相对比较简洁，一般采用表单内容提交技术，涉及表单内的文本框、密码框、文本域、单选按钮、复选框设计，完成该项目的重点是关注页面布局、表单元素属性设置。

扫码学习

制作移动网站
"用户注册"页面

■ 项目实施

1）在 E 盘建立站点目录 myproject11.1，站点名称为"用户注册"，如图 11.24 所示。

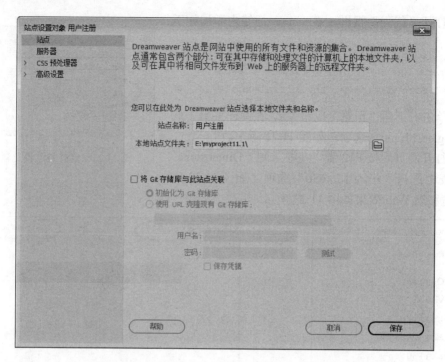

图 11.24　站点定义

2）新建一个 HTML5 文件 index.html，保存页面到站点根目录。添加 jQuery Mobile "页面"组件，具体步骤参照任务三中的第一部分"创建 jQuery Mobile 页面"。

3）分别修改网页标题和页面主题显示的标题为"用户注册"，如图 11.25 所示。

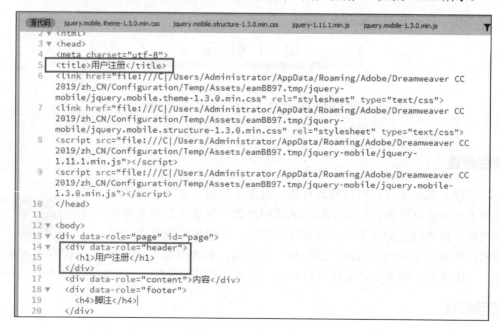

图 11.25　设置页面标题

4）在\<div data-role="content"\>\</div\>中插入表单标签\<form\>\</form\>，如图 11.26 所示。

5）将光标定位到\<form\>\</form\>标签内，单击"插入"面板中的"文本"组件，如图 11.27 所示。在\<form\>\</form\>标签内插入 jQuery Mobile 文本输入框。

```
<body>
<div data-role="page" id="page">
  <div data-role="header">
    <h1>用户注册</h1>|
  </div>
  <div data-role="content">
      <form></form>
  </div>
  <div data-role="footer">
    <h4>脚注</h4>
  </div>
</div>
</body>
```

图 11.26　插入 form 标签

图 11.27　jQuery Mobile "文本"组件

6）在"代码"视图下，修改组件属性，将\<label\>、\<input\>的属性修改如下。

```
<div data-role="fieldcontain">
  <label for="name">用户名:</label>
  <input type="text" name="name" id="name" placeholder="最多三十个字符"
             value="" />
</div>
```

上述代码中\<div\>的 data-role 属性定义为 fieldcontain，作为表单 form 元素的容器。\<label\>的 for 属性定义为 name，与\<input\>的 id 属性值相同，当\<label\>标签获得焦点时，\<input\>文本输入框同时获得焦点，起到联动作用。placeholder 属性设置占位符，提示当前文本框输入最多字符数，当文本框获得焦点后，自动消失。

7）以上述同样的方法，插入两个 jQuery Mobile "密码"组件，将第二个修改标注文字为"重复密码"，在视图中生成的代码如图 11.28 所示。

```
12 ▼ <body>
13 ▼ <div data-role="page" id="page">
14 ▼   <div data-role="header">
15        <h1>用户注册</h1>
16     </div>
17 ▼   <div data-role="content">
18 ▼       <form>
19 ▼         <div data-role="fieldcontain">
20            <label for="name">用户名:</label>
21            <input type="text" name="name" id="name" placeholder="最多三十个字符" value="" />
22            <label for="password">密码:</label>
23            <input type="password" name="password" id="password" value="" />
24            <label for="password2">重复密码:</label>
25            <input type="password" name="password2" id="password2" value="" />
26         </div>
27       </form>
28     </div>
29 ▼   <div data-role="footer">
30        <h4>脚注</h4>|
31     </div>
32   </div>
33 </body>
```

图 11.28　添加组件的代码

8）将光标定位在"重复密码"的后面，单击"插入"面板中的"单选按钮"组件，如图 11.29 所示。打开 jQuery Mobile "单选按钮"对话框，如图 11.30 所示。

图 11.29　jQuery Mobile "单选按钮" 组件

图 11.30　jQuery Mobile "单选按钮" 对话框

9）设置 "单选按钮" 为 2，单击 "确定" 按钮。在代码视图中修改<legend>、<label>标签值，修改后的代码如图 11.31 所示。

```
26 ▼          <div data-role="fieldcontain">
27 ▼            <fieldset data-role="controlgroup">
28                <legend>性别</legend>
29                <input type="radio" name="radio1" id="radio1_0" value="" />
30                <label for="radio1_0">男</label>
31                <input type="radio" name="radio1" id="radio1_1" value="" />
32                <label for="radio1_1">女</label>
33            </fieldset>
34          </div>
```

图 11.31　修改后的代码

10）单击 "插入" 面板中的 "文本区域" 组件，插入一个文本区域，设置<textarea>标签的 placeholder 属性和 maxlength 属性，限制用户输入的字符个数，如图 11.32 所示。

```
<div data-role="fieldcontain">
 <label for="textarea">求职寄语:</label>
 <textarea cols="40" rows="8" name="textarea" id="textarea" placeholder="限150字" maxlength="150">
 </textarea>
</div>
```

图 11.32　jQuery Mobile "文本区域" 组件

11）参照步骤 9），将 "代码" 视图中的<label>标签值修改为 "求职寄语"。

12）在文本域后插入复选框，单击 "插入" 面板中的 "复选框" 组件，如图 11.33 所示。

13）在打开的 jQuery Mobile "复选框" 对话框中进行如图 11.34 所示设置，单击 "确定" 按钮，将复选框插入 "设计" 视图。

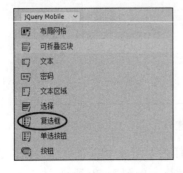

图 11.33　jQuery Mobile "复选框" 组件

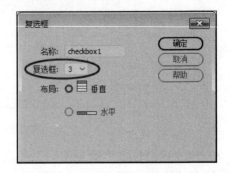

图 11.34　jQuery Mobile "复选框" 对话框

14）在"代码"视图中修改\<legend\>、\<label\>标签值，修改后的代码如图 11.35 所示。

```
44 ▼            <fieldset data-role="controlgroup">
45                <legend>关注职位</legend>
46                <input type="checkbox" name="checkbox1" id="checkbox1_0" class="custom" value="" />
47                <label for="checkbox1_0">移动Web开发</label>
48                <input type="checkbox" name="checkbox1" id="checkbox1_1" class="custom" value="" />
49                <label for="checkbox1_1">前端工程师</label>
50                <input type="checkbox" name="checkbox1" id="checkbox1_2" class="custom" value="" />
51                <label for="checkbox1_2">网站策划</label>
```

图 11.35　修改后的代码

15）单击"插入"面板中的"按钮"组件，打开 jQuery Mobile "按钮"对话框，设置"按钮类型"为"输入"，单击"确定"按钮，将按钮插入设计视图中，并在"代码"视图中修改 value 值为"提交"。

16）修改\<head\>\</head\>内的\<meta\>标签内容，以便页面适应屏幕大小不同的移动终端，代码如下。

```
<meta charset="utf-8" name="viewport" content="width=device-width,
initial-scale=1">
```

17）在 Chrome 浏览器中打开网页文件，按 F12 键，在左上端"Dimension（尺寸）"下拉列表中选择"华为 P30"选项。最后移动 Web 页面效果如图 11.36 所示。

图 11.36　移动 Web 页面效果

项 目 实 训

制作"职场箴言录"页面

实训目的

1) 掌握移动微网站的制作方法。
2) 掌握 jQuery Mobile 布局网格的使用方法。
3) 掌握 jQuery Mobile "选择"组件的应用。
4) 进一步练习在 Chrome 浏览器中调试移动 Web。

扫码学习

制作"职场箴言录"页面

实施步骤

1) 在 E 盘建立站点目录 myproject11.2,站点名称为"职场箴言录",如图 11.37 所示。

2) 新建一个 HTML5 文件 index.html,保存该网页到站点根目录。添加 jQuery Mobile "页面"组件,具体步骤参照任务三中的第一部分"创建 jQuery Mobile 页面"。

3) 切换到代码视图,删除 index.html 文件部分代码,保留头部和内容代码,修改<h1>标题内容为"职场箴言录",修改后的代码如图 11.38 所示。

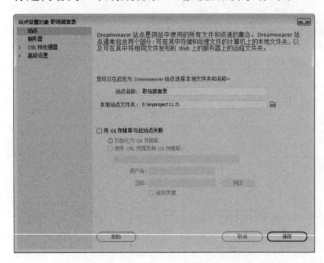

```
12 ▼ <body>
13 ▼ <div data-role="page" id="page">
14 ▼   <div data-role="header">
15       <h1>职场箴言录</h1>
16     </div>
17     <div data-role="content">内容</div>
18
19   </div>
20   </body>
```

图 11.37   站点定义   图 11.38   保留部分代码

4) 将光标移至<h1>标签之前,插入 jQuery Mobile 按钮,设置按钮类型为"链接",图标为"后退",如图 11.39 所示,单击"确定",完成"后退"按钮设计。

5) 将光标移至</h1>后面,按照步骤 4),完成"前进"按钮的设计。切换至"代码"视图,修改两个按钮的标签值分别为"前进"和"后退",代码如图 11.40 所示。

224

图 11.39　jQuery Mobile "按钮" 对话框

```
12 ▼ <body>
13 ▼ <div data-role="page" id="page">
14 ▼   <div data-role="header">
15        <a href="#" data-role="button" data-icon="back">后退</a>
16        <h1>职场箴言录</h1>
17        <a href="#" data-role="button" data-icon="forward">前进</a>
18      </div>
19      <div data-role="content">内容</div>
20
21    </div>
22  </body>
```

图 11.40　头部区代码设计

6）将光标移至 "内容" 处，将其删除，插入 jQuery Mobile 布局网格，设置按钮为 2 行 3 列，如图 11.41 所示，单击 "确定" 按钮。

7）将光标移至 "区块 1,1" 处，将其删除，插入 jQuery Mobile "选择" 组件。

8）在 "代码" 视图中，修改添加的选择组件的代码，删除 <lable> 标签，修改菜单选项及内容，并将 "发展" "自我推销" "团队协作" "道德修养" 添加到选择菜单的四个选项中，"发展" 选择菜单的代码和效果如图 11.42 和图 11.43 所示。

图 11.41　jQuery Mobile "布局网格" 对话框

```
<div class="ui-block-a">
  <div data-role= "fieldcontain">
    <select name="selectmenu" id="selectmenu">
      <option value="option1" >发展</option>
      <option value="option2">自我推销</option>
      <option value="option3">团队协作</option>
      <option value="option4">道德修养</option>
    </select>
  </div>
</div>
```

图 11.42　"发展" 选择菜单的代码

图 11.43　"发展" 选择菜单的效果

9）利用项目源码文件夹中 "职场箴言.txt" 中的文字，用同样的步骤与方法，完成 "表达" "交际" "发现" "创新" "技能" 五个选择菜单的设计。

10）在 <meta> 标签内添加如下代码。

```
<meta charset="utf-8" name="viewport" content="width=device-width,
initial-scale=1" />
```

11）保存 index.html 文件，在 Chrome 浏览器中预览网页，按 F12 键，在左上端 "Dimension（尺寸）" 下拉列表中选择华为 Nova5 系列。"职场箴言录" 页面效果如图 11.44 所示。

图 11.44 "职场箴言录"页面效果

项 目 拓 展

App 开发简介

本项目采用 Web 开发移动端技术，运用 HTML5+jQuery Mobile 制作移动网站，客户端使用浏览器浏览网页，与之相对应的是 App 开发技术。

App 开发专注于手机应用软件开发与服务的项目。App 是 application 的缩写，通常专指手机上的应用软件，或称手机客户端。随着智能手机越发普及，用户越发依赖手机软件商店，App 开发的市场需求与发展前景也逐渐蓬勃。

项 目 小 结

本项目讲述了移动互联网的基本概念和发展趋势，讲解了移动 Web 网站设计工具、调试浏览器及移动 Web 网站设计之前必须了解的基础知识，为移动 Web 网站设计做了铺垫。项目引导、项目实训分别通过"求职网用户注册"及"职场箴言录"网页制作过程的讲解，让学生逐步掌握移动 Web 网站的制作技巧、方法，重点掌握移动 Web 网站的布局、jQuery Mobile 组件的运用，做到融会贯通，制作出具有个性化风格的移动 Web 网站。

思考与练习

一、选择题

1. jQuery Mobile 是一个用户界面框架，该框架由（　　）语言开发。

　　A．Java　　　　　　B．JavaScript　　　　C．HTML　　　　　D．PHP

2. 做移动网站，必须要了解屏幕宽度及缩放问题。设计缩放比例在（　　）标签内完成。

　　A．<p>　　　　　　B．<body>　　　　　C．<font>　　　　　D．<meta>

3. 移动 Web 中的视口不包括（　　）。

　　A．布局视口　　　　B．视觉视口　　　　C．设备视口　　　　D．理想视口

4. 设计移动端网页，通常采用（　　）分辨率。

　　A．物理　　　　　　B．高　　　　　　　C．低　　　　　　　D．逻辑

二、简答题

1. 移动互联网有哪些特点？
2. 移动 Web 开发岗位主要有哪些职责？
3. 什么是 CSS 媒体查询？在项目实训中是如何运用的？
4. 如何使用 Chorme 浏览器调试移动端 Web 页面？
5. 最理想的视口应如何设置？
6. 物理分辨率与逻辑分辨率有什么区别？

三、操作题

请上网调查各大招聘网站的"岗位申请页面"，分析其主要组成部分，制作一个移动端的岗位申请页面，并在 Chrome 浏览器上对不同型号的移动端进行测试。

> **提示**
>
> 在岗位申请之前，招聘网站通常会进行"职业素养测评"，通过得分情况来推荐职位。请扫描二维码观看"职业素养测评"页面的制作过程，并参考其制作方法，完成"岗位申请页面"的制作。操作要点如下。
>
> 首先创建 HTML5 页面，添加 jQuery Mobile "页面"组件和表单。然后在表单中添加表单项目，在"代码"视图中修改相应标签内容。最后修改 meta 标签并测试。

扫码学习

制作"职业素养测评"页面

参 考 文 献

葛艳玲，2022. 网页设计与制作：Dreamweaver CC[M]. 北京：电子工业出版社.

刘天真，郭德仁，2019. 实战 Dreamweaver CC 网页制作教程[M]. 3 版. 北京：机械工业出版社.

王丽红，刘国成，2020. Dreamweaver CC 2019 网页制作案例教程[M]. 北京：清华大学出版社.

魏军，2021. Adobe Dreamweaver CC 网页设计与制作[M]. 北京：北京希望电子出版社.